초등 수학 문제 풀이 식^式 쓰기

초등 **수학** 문제 풀이 식^式쓰기

4-2

서울대 선배들의 똑똑필사

초등 수학 문제 풀이 식 쓰기 4-2

지은이 이윤원
펴낸이 정규도
펴낸곳 (주)다락원

1판 1쇄 발행 2026년 3월 10일

기획 권혁주, 김태광
편집장 이후춘
편집 김효은, 박소영

디자인 하태호, 김희정
필사 김태림, 안혜주, 최수빈

다락원 경기도 파주시 문발로 211
내용문의: (02)736-2031 내선 291~296
구입문의: (02)736-2031 내선 250~252
Fax: (02)732-2037
출판등록 1977년 9월 16일 제406-2008-000007호

Copyright ⓒ 2026, 이윤원

ISBN 978-89-277-7536-2 63410

http://www.darakwon.co.kr

• 다락원 홈페이지를 방문하시면 상세한 출판 정보와 함께 동영상 강좌, MP3 자료 등
  다양한 어학 정보를 얻으실 수 있습니다.

똑바로 따라 쓰며 똑똑히 푸는

서울대 선배들의 똑똑필사

2022 개정 교육과정 반영

초등 수학 문제 풀이 식^{式} 쓰기

이윤원 저

정확한 풀이 과정으로
문제 푸는 습관을 길러야
중·고등 수학 과정에서 흔들리지 않습니다!

4-2

다락원

저자 소개

이윤원 선생님

- (현) 메쏘드수학학원 원장
- 카이스트 전기·전자공학부 졸업

주요 저서

- 〈서울대 선배들의 똑똑필사 초등 수학 문제 풀이 식 쓰기〉 시리즈 (다락원)
- 〈초등수학 레벨 테스트 5학년〉, 〈초등수학 레벨 테스트 6학년〉 (공저, 경향미디어)
- 〈고스트 티처의 밀착 과외〉 (공저, 우리학교)
- 〈최상위권 수학머리 만들기〉 (반니)
- 〈수학특성화중학교〉 시리즈 (공저, 뜨인돌)
- 〈읽기만 해도 최소 수능 2등급이라니!〉 (뜨인돌)

똑바로 따라 쓰며 똑똑히 푸는

서울대 선배들의 똑똑필사

2022 개정 교육과정 반영

초등 수학 문제 풀이 式 쓰기

이윤원 저

4-2

다락원

"식을 써야 실력이 쌓인다!"

수학을 감으로 풀고 있지 않나요?
식을 쓰지 않고 머릿속으로만 계산해서
수학 문제를 풀다 보면 계산 실수를 계속하고,
어려운 문제에는 쉽게 접근하지 못하게 됩니다.
그러다 보면 정확한 풀이는 모른 채
어영부영 넘어가게 됩니다.

더 큰 문제는 중·고등학교에 진학하면
훨씬 복잡하고 긴 식을 쓰면서
수학 문제를 풀어야 한다는 점입니다.
초등학교 때부터 식을 쓰는 습관이 잡혀 있지 않으면
수학 문제를 풀 때마다 어려움을 겪으며
결국 중·고등 수학의 식 풀이에 높은 벽을 느끼게 될 것입니다.

그래서 많은 학부모님과 선생님들께서
풀이 과정에 따라 식을 써서 정확히 풀도록 지도하시지만
학생들이 귀찮다며 잘 따르지 않거나
식을 어떻게 써야 할지 몰라
대충 넘어가는 경우가 많습니다.

이 책은 단순히 정답을 찾는 데 그치지 않고,
서울대 선배들의 풀이 과정을 또박또박 따라 적어 보면서
문제를 어떤 식으로 정리하고 풀어야 할지를 익히고,
그 과정을 통해 풀이의 완성도를 높일 수 있도록 도와줍니다.

처음에는 어색하겠지만
이 책을 통해 식 쓰기 연습을 하다 보면
어느새 풀이 과정을 정확히 쓰면서
자연스레 문제를 풀고 있는 자신을 발견하게 될 겁니다.

서울대 선배들의 한마디

김 태 림 (서울대 경영학과 25학번)

안녕하세요. 서울대 경영학과에 재학 중인 김태림입니다.

수학이 처음에는 어려울 수 있지만, 차근차근 풀이 과정을 적는 연습을 하다 보면 생각이 정리되고 실력이 금방 늘어요! 이 책은 풀이 과정을 직접 따라 적으면서 문제 푸는 방법을 학습할 수 있어요. 처음에는 풀이 과정을 꼼꼼하게 적는 게 어렵게 느껴질 수 있지만, 이 책으로 반복해서 연습하면 곧 익숙해지고, 수학이 재미있어질 거예요. 문제를 풀다가 막히더라도 포기하지 말고 다시 도전해 보세요. 꾸준히 노력한다면 실력도 늘고 자신감도 더 생길 거예요. 언제나 응원합니다.

안 혜 주 (서울대 자유전공학부 25학번)

안녕하세요. 서울대학교 자유전공학부에 재학 중인 안혜주입니다. 저는 또래에 비해 수학학원에 늦게 다니기 시작했고 혼자 공부하다 보니 부족한 부분이 많았습니다. 특히 서술형 문제에서 그러한 갈증을 많이 느꼈습니다. 대학생이 된 지금도 간결하고 좋은 풀이를 스스로 쓰기란 참 어렵다고 느낍니다. 그렇기에 좋은 풀이를 쓸 수 있도록 도와주는 이 책이 여러분에게 큰 도움이 될 것이라 생각합니다. 이 책과 함께 기초를 다지며 수학에 흥미를 붙일 수 있길 바랍니다.:)

최 수 빈 (서울대 인류학과 23학번)

안녕하세요. 서울대학교 인류학과 최수빈입니다.

우선 이 책을 공부하게 된 여러분 모두를 진심으로 응원합니다! 수학을 필사하는 교재는 처음이라 조금 낯설 수 있지만, 한 글자 한 글자 정성스럽게 써 내려가다 보면 어느새 수학적 풀이를 스스로 할 수 있게 될 거예요. 중요한 건 빨리 푸는 게 아니라 이해하며 풀기! 풀이를 따라 써 보고 빈칸을 채워가며 수학의 원리를 하나씩 익혀보세요. 여러분의 멋진 도전을 늘 응원합니다. :)

[선배의 팁] 모를 수 있어요. 중요한 건 궁금해하고, 끝까지 해보려는 마음입니다. 모를 때는 천천히 하나씩 해봐요!

9주 완성　습관 형성 챌린지

자신의 실력에 맞게 목표를 세워 공부하면 식 쓰기 습관을 형성할 수 있습니다.
공부한 날짜를 적고 매일 공부하는 습관을 길러 보세요. 하루에 한 문제, 십 분만 해도 괜찮아요! 매일 꾸준히
공부하는 습관이 중요해요. 조금씩 실력을 쌓아가면 수학 문제에 자신감도 생기고 생각하는 힘도 쑥쑥 자랄
거예요. 공부하는 습관을 기르는 게 실력 향상의 비법이에요!

1주차

1. 분수의 덧셈과 뺄셈　STEP 1　STEP 2

~ 쪽	~ 쪽	~ 쪽	~ 쪽	~ 쪽
월　일	월　일	월　일	월　일	월　일

2주차

1. 분수의 덧셈과 뺄셈　STEP 3　2. 삼각형　STEP 1

~ 쪽	~ 쪽	~ 쪽	~ 쪽	~ 쪽
월　일	월　일	월　일	월　일	월　일

3주차

2. 삼각형　STEP 2　STEP 3

~ 쪽	~ 쪽	~ 쪽	~ 쪽	~ 쪽
월　일	월　일	월　일	월　일	월　일

4주차

3. 소수의 덧셈과 뺄셈　STEP 1　STEP 2

~ 쪽	~ 쪽	~ 쪽	~ 쪽	~ 쪽
월　일	월　일	월　일	월　일	월　일

5주차	3. 소수의 덧셈과 뺄셈 STEP 3 4. 사각형 STEP 1				
	◯ ~ ◯ 쪽 ◯ 월 ◯ 일	◯ ~ ◯ 쪽 ◯ 월 ◯ 일	◯ ~ ◯ 쪽 ◯ 월 ◯ 일	◯ ~ ◯ 쪽 ◯ 월 ◯ 일	◯ ~ ◯ 쪽 ◯ 월 ◯ 일
6주차	4. 사각형 STEP 2 STEP 3				
	◯ ~ ◯ 쪽 ◯ 월 ◯ 일	◯ ~ ◯ 쪽 ◯ 월 ◯ 일	◯ ~ ◯ 쪽 ◯ 월 ◯ 일	◯ ~ ◯ 쪽 ◯ 월 ◯ 일	◯ ~ ◯ 쪽 ◯ 월 ◯ 일
7주차	5. 꺾은선그래프 STEP 1 STEP 2				
	◯ ~ ◯ 쪽 ◯ 월 ◯ 일	◯ ~ ◯ 쪽 ◯ 월 ◯ 일	◯ ~ ◯ 쪽 ◯ 월 ◯ 일	◯ ~ ◯ 쪽 ◯ 월 ◯ 일	◯ ~ ◯ 쪽 ◯ 월 ◯ 일
8주차	5. 꺾은선그래프 STEP 3 6. 다각형 STEP 1				
	◯ ~ ◯ 쪽 ◯ 월 ◯ 일	◯ ~ ◯ 쪽 ◯ 월 ◯ 일	◯ ~ ◯ 쪽 ◯ 월 ◯ 일	◯ ~ ◯ 쪽 ◯ 월 ◯ 일	◯ ~ ◯ 쪽 ◯ 월 ◯ 일
9주차	6. 다각형 STEP 2 STEP 3				
	◯ ~ ◯ 쪽 ◯ 월 ◯ 일	◯ ~ ◯ 쪽 ◯ 월 ◯ 일	◯ ~ ◯ 쪽 ◯ 월 ◯ 일	◯ ~ ◯ 쪽 ◯ 월 ◯ 일	◯ ~ ◯ 쪽 ◯ 월 ◯ 일

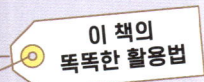
정확히 식을 쓰면서 문제를 푸는 습관!

수학 문제를 풀 때 단계별로 식을 정확히 쓰면서 푸는 연습은 반드시 필요해요.
이 책은 문제의 풀이 과정을 직접 따라 쓰면서 스스로 식을 쓰는 방법을 익힐 수 있도록 했어요.
서울대 선배들이 손글씨로 쓴 풀이 과정을 직접 따라 쓰면서 식을 세워 문제를 풀어 나가는 습관
을 기르면 어떤 문제든 스스로 풀이 과정을 만들어 해결할 수 있다는 자신감이 생길 거예요.

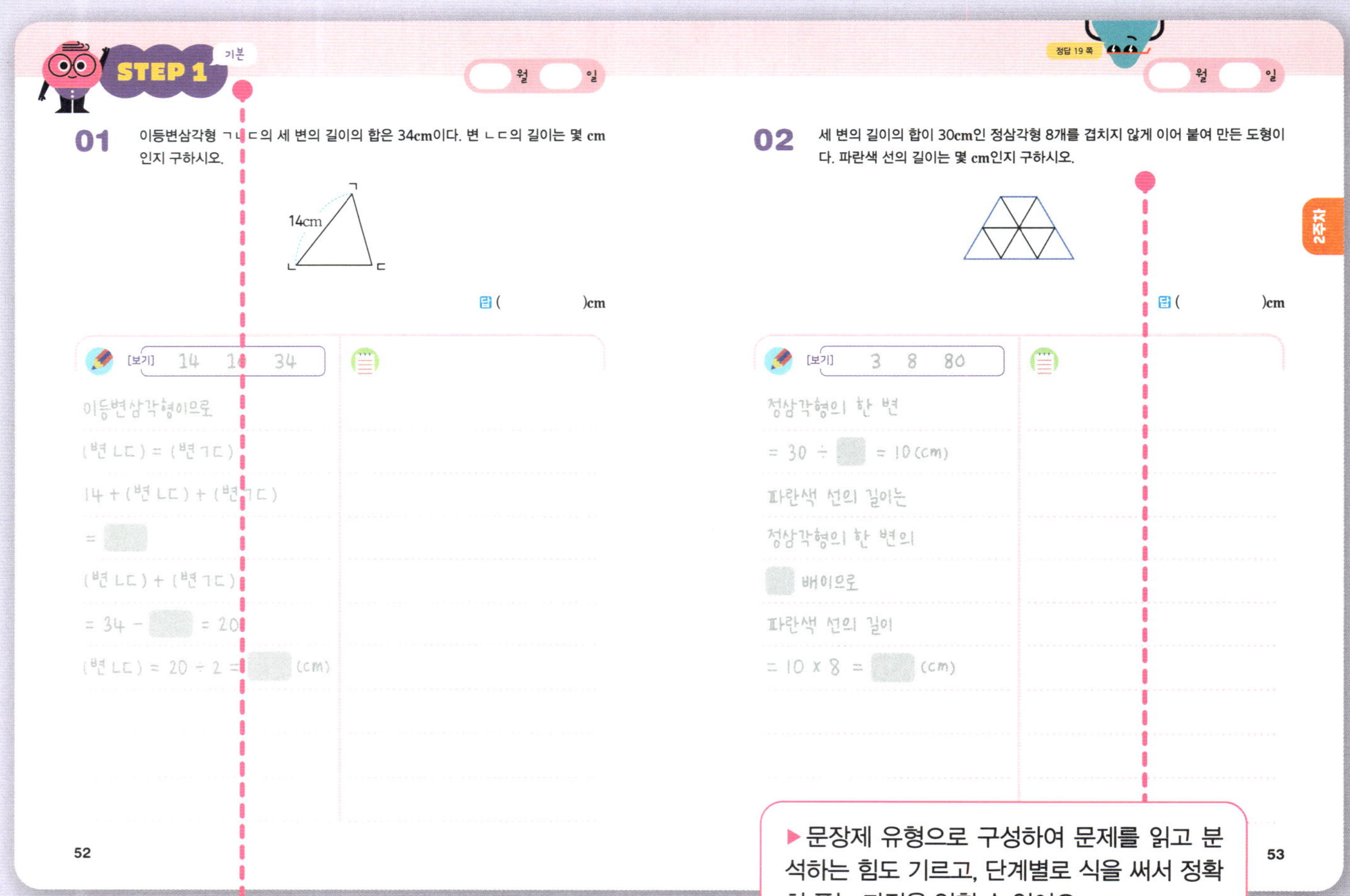

STEP 1 기본   월   일   정답 19 쪽   월   일

01 이등변삼각형 ㄱㄴㄷ의 세 변의 길이의 합은 34cm이다. 변 ㄴㄷ의 길이는 몇 cm
인지 구하시오.

14cm

답 (   )cm

[보기] 14   14   34

이등변삼각형이므로

(변 ㄴㄷ) = (변 ㄱㄷ)

14 + (변 ㄴㄷ) + (변 ㄱㄷ)

=

(변 ㄴㄷ) + (변 ㄱㄷ)

= 34 -   = 20

(변 ㄴㄷ) = 20 ÷ 2 =   (cm)

52

02 세 변의 길이의 합이 30cm인 정삼각형 8개를 겹치지 않게 이어 붙여 만든 도형이
다. 파란색 선의 길이는 몇 cm인지 구하시오.

답 (   )cm

[보기] 3   8   80

정삼각형의 한 변

= 30 ÷   = 10 (cm)

파란색 선의 길이는

정삼각형의 한 변의

      배이므로

파란색 선의 길이

= 10 x 8 =   (cm)

2주차

53

▶ 기본, 응용, 심화 수준의 문제를 하나의 STEP
에 모두 제공하여 다양한 난이도를 함께 공부할
수 있어요.

▶ STEP1, STEP2, STEP3로 충분히 반복 학습할
수 있도록 하여 완벽하게 마스터할 수 있어요.

▶ 문장제 유형으로 구성하여 문제를 읽고 분
석하는 힘도 기르고, 단계별로 식을 써서 정확
히 푸는 과정을 익힐 수 있어요.

▶ '빠르게 확인하는 정답'과 풀이를 분권으로
제공하여 편하게 확인하고 학습할 수 있어요.

직접 쓴 손글씨를 따라 쓰면서
풀이식의 과정을 완벽하게 이해!

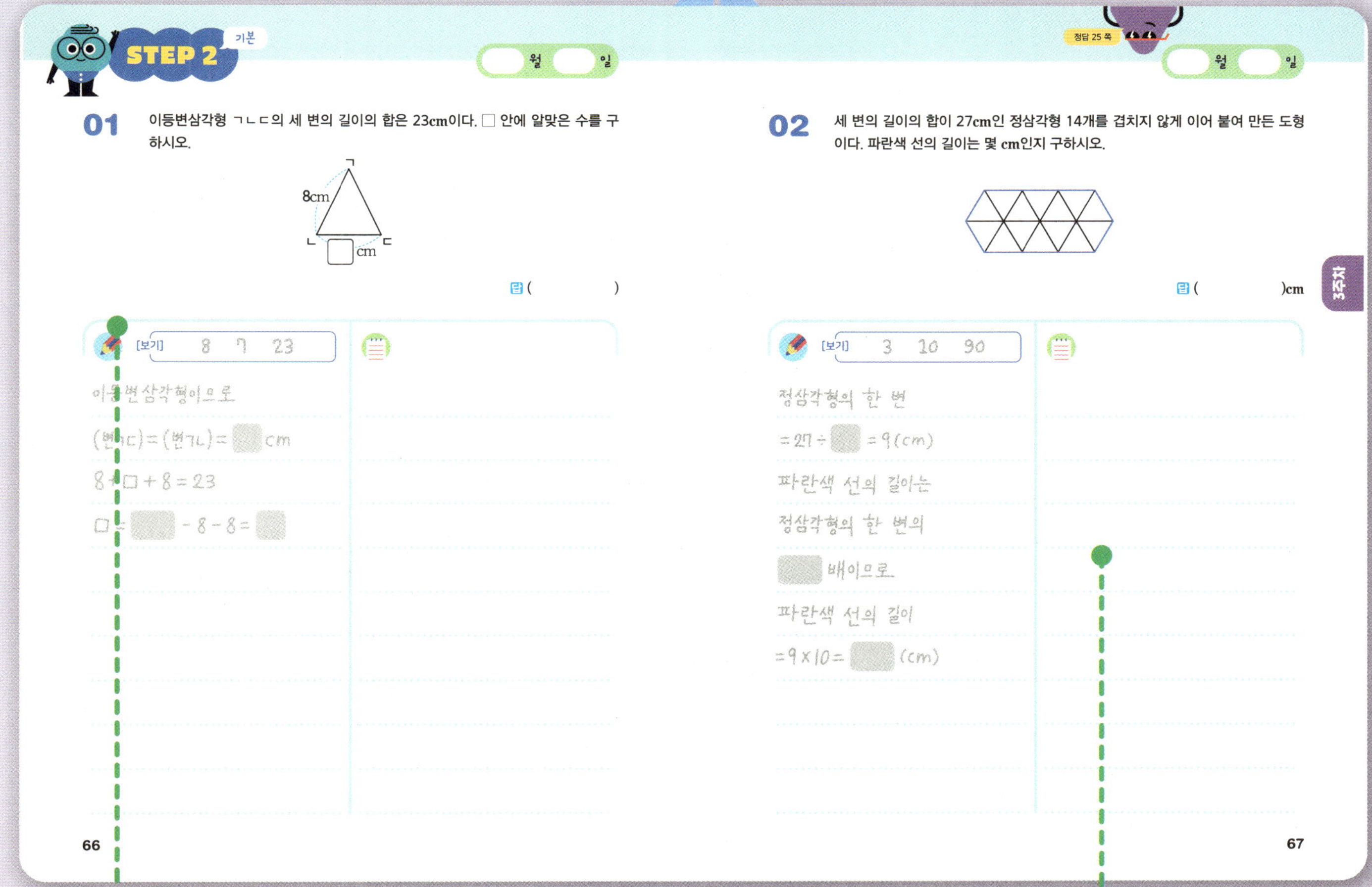

01 이등변삼각형 ㄱㄴㄷ의 세 변의 길이의 합은 23cm이다. □ 안에 알맞은 수를 구하시오.

8cm

□ cm

답 ( )

[보기]   8   ㄱ   23

이등변삼각형이므로

(변ㄱㄷ)=(변ㄱㄴ)= cm

8+□+8=23

□= - 8 - 8 =

02 세 변의 길이의 합이 27cm인 정삼각형 14개를 겹치지 않게 이어 붙여 만든 도형이다. 파란색 선의 길이는 몇 cm인지 구하시오.

답 ( )cm

3주차

[보기]   3   10   90

정삼각형의 한 변

= 27 ÷ = 9 (cm)

파란색 선의 길이는

정삼각형의 한 변의

배이므로

파란색 선의 길이

= 9 × 10 = (cm)

66

67

▶ 서울대 선배들의 풀이 과정을 직접 따라 써 보세요. 왜 이런 풀이 과정인지 생각하고 이해하면서 쓰는 것이 중요해요.
▶ 빈칸에는 [보기]에서 알맞은 답을 골라 서울대 선배들의 풀이 과정 가이드라인을 따라 써 보세요.

▶ 빈 공간에 다시 한번 풀이 과정을 직접 쓰면서 왜 이렇게 푸는지 생각해 보고 식을 어떻게 써야 하는지 익히세요.

[별책부록] **정답 및 풀이**

1 분수의 덧셈과 뺄셈

이번 단원에서 학습할 내용!

⭐ 진분수의 덧셈

⭐ 대분수의 덧셈

⭐ 진분수의 뺄셈

⭐ 받아내림이 없는 대분수의 뺄셈

⭐ (자연수) − (분수)

⭐ 받아내림이 있는 대분수의 뺄셈

01 딸기 농장에서 딸기를 유주네 가족은 $5\frac{6}{7}$kg 땄고, 지우네 가족은 유주네 가족보다 $2\frac{4}{7}$kg 더 많이 땄다. 지우네 가족이 딴 딸기는 몇 kg인지 구하시오.

답 (   )kg

[보기] $2\frac{4}{7}$ $8\frac{3}{7}$

지우네 가족이 딴 딸기의

무게

$= 5\frac{6}{7} + $ ⬚

$= 7\frac{10}{7}$

$= $ ⬚ (kg)

02 ㉠과 ㉡이 나타내는 두 수의 차를 구하시오.

> ㉠ 가장 큰 한 자리 수
> ㉡ 분모가 8인 가장 큰 진분수

답 (   )

[보기] $8\frac{8}{8}$ $\frac{7}{8}$ $8\frac{1}{8}$

㉠ 가장 큰 한 자리 수 :

9

㉡ 분모가 8인 가장 큰

진분수 : ☐

㉠ - ㉡

$= 9 - \frac{7}{8}$

$= \boxed{} - \frac{7}{8}$

$= \boxed{}$

03 다음 덧셈의 계산 결과는 진분수이다. 1부터 9까지의 수 중에서 □ 안에 들어갈 수 있는 수는 모두 몇 개인지 구하시오.

$$\frac{4}{9} + \frac{\square}{9}$$

답 (   )개

[보기]   4   8 $\frac{8}{9}$

$\frac{4}{9} + \frac{\square}{9} = \frac{4+\square}{9}$ 이고,

덧셈의 계산 결과로

나올 수 있는 가장 큰

진분수는 ▢ 이다.

$\frac{4+\square}{9} = \frac{8}{9}$ 일 때

$4 + \square = $ ▢

$\square = 8 - 4 = 4$ 이므로

□ 안에 들어갈 수 있는

수: 1, 2, 3, 4 → ▢ 개

월   일

04

1부터 9까지의 수 중에서 □ 안에 들어갈 수 있는 수는 모두 몇 개인지 구하시오.

$$\frac{4}{6} + \frac{\square}{6} < 1\frac{1}{6}$$

답 (   )개

[보기]    $\frac{7}{6}$ 3   2

$\frac{4}{6} + \frac{\square}{6} = 1\frac{1}{6}$일 때

$\frac{4+\square}{6} = $

$4 + \square = 7$

$\square = 7 - 4 = 3$이고,

$\frac{4}{6} + \frac{\square}{6}$는 $1\frac{1}{6}$보다

작아야 하므로

□ 안에 들어갈 수 있는

수는   보다 작은

1, 2 →   개

05 감자가 $6\frac{1}{5}$kg 있다. 감자를 한 상자에 $2\frac{4}{5}$kg씩 담는다면 상자 몇 개까지 담을 수 있고, 남는 감자는 몇 kg인지 구하시오.

답 (   )개, (   )kg

[보기] $3\frac{2}{5}$ $\frac{3}{5}$ 2

$6\frac{1}{5} - 2\frac{4}{5}$

$= 5\frac{6}{5} - 2\frac{4}{5}$

$= \boxed{}$,

$3\frac{2}{5} - 2\frac{4}{5}$

$= 2\frac{7}{5} - 2\frac{4}{5}$

$= \frac{3}{5}$

$\frac{3}{5}$에서 $2\frac{4}{5}$를 뺄 수 없으므로

감자를 상자 $\boxed{}$ 개까지

담을 수 있고,

남는 감자는 $\boxed{}$ kg 이다.

월   일

06 어떤 수에 $1\frac{3}{4}$을 더해야 할 것을 잘못하여 뺐더니 $\frac{2}{4}$가 되었다. 바르게 계산하면 얼마인지 구하시오.

답 (   )

 [보기] $1\frac{5}{4}$ $2\frac{1}{4}$ 4

어떤 수를 □라 하면

$\square - 1\frac{3}{4} = \frac{2}{4}$

$\square = \frac{2}{4} + 1\frac{3}{4}$

$= $

$= 2\frac{1}{4}$

바르게 계산하면

 $+1\frac{3}{4}$

$= 3\frac{4}{4}$

$= $

07 길이가 4cm인 종이 3장을 다음과 같이 $\frac{1}{7}$cm씩 겹치게 이어 붙였다. 이어 붙인 종이의 전체 길이는 몇 cm인지 구하시오.

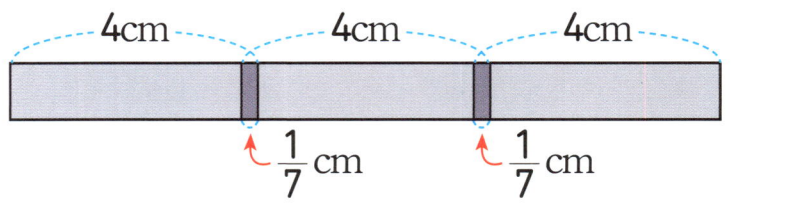

답 ( )cm

[보기] $\frac{2}{7}$ $11\frac{5}{7}$ 3

종이 3장의 길이의 합

$= 4 \times \boxed{}$

$= 12 \text{ (cm)}$

겹쳐진 부분의 길이의 합

$= \frac{1}{7} + \frac{1}{7}$

$= \frac{2}{7} \text{ (cm)}$

이어 붙인 종이의 전체 길이

$= 12 - \boxed{}$

$= 11\frac{7}{7} - \frac{2}{7}$

$= \boxed{} \text{ (cm)}$

월   일

08

긴 변이 짧은 변보다 $2\frac{3}{6}$m만큼 더 긴 직사각형이 있다. 이 직사각형의 짧은 변이 $1\frac{5}{6}$m라면 직사각형의 네 변의 길이의 합은 몇 m인지 구하시오.

답 (   )m

[보기] $12\frac{2}{6}$ $3\frac{8}{6}$ $1\frac{5}{6}$

긴 변의 길이

$= 1\frac{5}{6} + 2\frac{3}{6}$

$= \boxed{}$

$= 4\frac{2}{6}$ (m)

직사각형의 네 변의

길이의 합

$= 4\frac{2}{6} + 1\frac{5}{6} + 4\frac{2}{6} + \boxed{}$

$= 10\frac{14}{6}$

$= \boxed{}$ (m)

09 5장의 수 카드 중 3장을 골라 한 번씩만 사용하여 분모가 9인 대분수를 만들려고 한다. 만들 수 있는 대분수 중 가장 큰 대분수와 가장 작은 대분수의 합을 구하시오.

$$\boxed{2} \quad \boxed{3} \quad \boxed{5} \quad \boxed{9} \quad \boxed{8}$$

답 ( )

 [보기] $2\frac{3}{9}$ $10\frac{8}{9}$ 5

분모에 사용할 9를 제외하면

$2 < 3 < \boxed{} < 8$

만들 수 있는

가장 큰 대분수 : $8\frac{5}{9}$

가장 작은 대분수 : $\boxed{}$

$8\frac{5}{9} + 2\frac{3}{9} = \boxed{}$

10 기호 ◎를 다음과 같이 약속할 때, $\frac{3}{5}$◎$1\frac{4}{5}$의 값은 얼마인지 구하시오.

$$㉠◎㉡ = ㉠ + ㉡ + ㉡$$

답 (   )

[보기] $1\frac{4}{5}$ $4\frac{1}{5}$

$\frac{3}{5}$◎$1\frac{4}{5}$

$= \frac{3}{5} + 1\frac{4}{5} +$ ▢

$= 2\frac{11}{5}$

$=$ ▢

11 규칙에 따라 수를 늘어놓은 것이다. 넷째와 여섯째에 놓이는 수의 합은 얼마인지 구하시오.

$$2\frac{1}{13},\ 4\frac{2}{13},\ 6\frac{3}{13},\ \cdots$$

답 (   )

 [보기] $20\frac{10}{13}$ $10\frac{5}{13}$ 1

분모가 13인 대분수의

자연수 부분은 2부터

2씩 커지고,

분자는 1부터

　씩 커지는 규칙이다.

넷째 : $8\frac{4}{13}$

다섯째 :

여섯째 : $12\frac{6}{13}$

$8\frac{4}{13} + 12\frac{6}{13} = $

24

12 윤지는 가지고 있던 사탕을 동생과 친구에게 주었다. 동생에게는 전체의 $\frac{5}{8}$ 만큼 주고, 친구에게는 전체의 $\frac{2}{8}$ 만큼 주었다. 남은 사탕이 14개라면 처음에 가지고 있던 사탕은 몇 개인지 구하시오.

답 ( )개

[보기] $\frac{7}{8}$ 1 112

동생과 친구에게 준

사탕은 전체의

$\frac{5}{8} + \frac{2}{8} = \boxed{}$ 이다.

전체를 1로 보았을 때

남은 사탕은 전체의

$\boxed{} - \frac{7}{8} = \frac{1}{8}$ 이다.

전체의 $\frac{1}{8}$ 만큼이

14개이므로 처음에

가지고 있던 사탕은

$14 \times 8 = \boxed{}$ (개) 이다.

13 가방 안에 똑같은 책 5권을 넣고 무게를 재어 보니 $4\frac{6}{11}$kg이었다. 책 2권을 꺼내고 다시 가방의 무게를 재어 보니 $2\frac{8}{11}$kg이었다면 책 한 권의 무게는 몇 kg인지 구하시오.

답 (   )kg

 [보기] $\frac{10}{11}$ $1\frac{9}{11}$ $\frac{20}{11}$

책 2권의 무게

$= 4\frac{6}{11} - 2\frac{8}{11}$

$= 3\frac{17}{11} - 2\frac{8}{11}$

$= \boxed{}$ (kg)

$1\frac{9}{11} = \boxed{} = \frac{10}{11} + \frac{10}{11}$ 이므로

책 한 권의 무게

$= \boxed{}$ (kg)

정답 9~10 쪽

월   일

14 전국체육대회 멀리뛰기 경기에서 재희, 로하, 민교가 금, 은, 동메달을 나누어 가졌다. 재희의 기록은 $4\frac{3}{10}$m이고, 로하의 기록은 재희의 기록보다 $1\frac{7}{10}$m 더 짧았다. 민교의 기록은 로하의 기록보다 $1\frac{9}{10}$m 더 길다고 할 때, 금메달의 기록을 구하시오.

답 (   )m

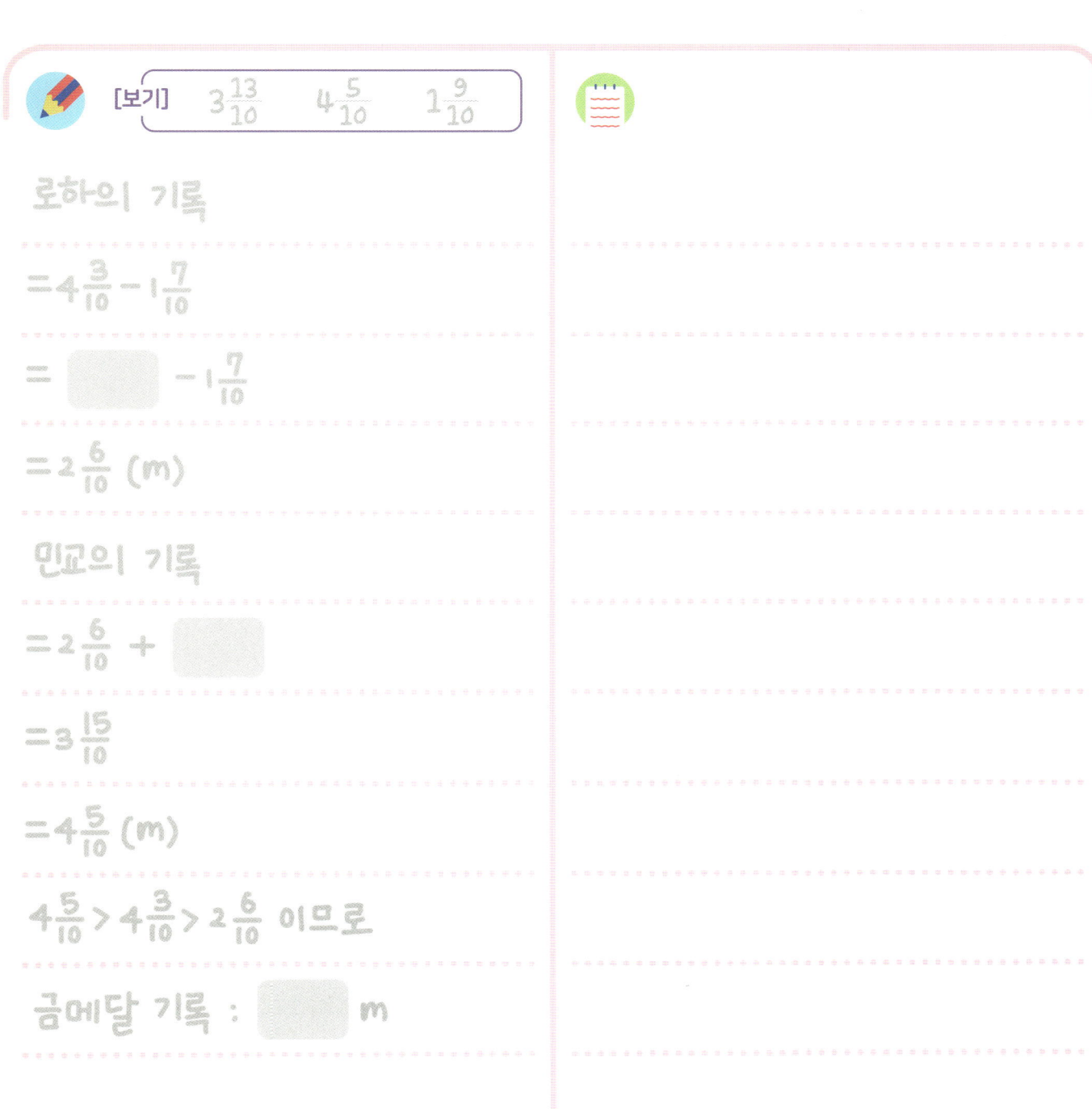

[보기] $3\frac{13}{10}$ $4\frac{5}{10}$ $1\frac{9}{10}$

로하의 기록

$= 4\frac{3}{10} - 1\frac{7}{10}$

$= \boxed{} - 1\frac{7}{10}$

$= 2\frac{6}{10}$ (m)

민교의 기록

$= 2\frac{6}{10} + \boxed{}$

$= 3\frac{15}{10}$

$= 4\frac{5}{10}$ (m)

$4\frac{5}{10} > 4\frac{3}{10} > 2\frac{6}{10}$ 이므로

금메달 기록 : $\boxed{}$ m

01 희서는 주스를 어제는 $\frac{3}{17}$L 마셨고, 오늘은 어제보다 $\frac{5}{17}$L 더 많이 마셨다. 희서가 어제와 오늘 마신 주스는 모두 몇 L인지 구하시오.

답 (　　　　　)L

[보기]　　$\frac{5}{17}$　　$\frac{8}{17}$　　$\frac{11}{17}$

오늘 마신 주스의 양

$= \frac{3}{17} + \boxed{}$

$= \frac{8}{17}$ (L)

어제와 오늘 마신

주스의 양

$= \frac{3}{17} + \boxed{}$

$= \boxed{}$ (L)

02 ㉠과 ㉡이 나타내는 두 수의 차를 구하시오.

> ㉠ 가장 작은 두 자리 수
> ㉡ 분모가 12인 가장 큰 진분수

답 (   )

[보기] $9\frac{1}{12}$ $\frac{11}{12}$ 10

㉠ 가장 작은 두 자리 수 :

$\boxed{}$

㉡ 분모가 12인 가장 큰

진분수 : $\boxed{}$

㉠ - ㉡

$= 10 - \frac{11}{12}$

$= 9\frac{12}{12} - \frac{11}{12}$

$= \boxed{}$

03

다음 덧셈의 계산 결과는 진분수이다. ☐ 안에 들어갈 수 있는 자연수는 모두 몇 개인지 구하시오.

$$\frac{9}{13} + \frac{\square}{13}$$

답 (   )개

 [보기] 12 $\frac{12}{13}$ 3

$\dfrac{9}{13} + \dfrac{\square}{13} = \dfrac{9+\square}{13}$ 이고,

덧셈의 계산 결과로

나올 수 있는 가장 큰

진분수는 ☐ 이다.

$\dfrac{9+\square}{13} = \dfrac{12}{13}$ 일 때

$9 + \square = $ ☐

$\square = 12 - 9 = 3$ 이므로

☐ 안에 들어갈 수 있는

자연수 : $1, 2, 3 \rightarrow$ 개

04 □ 안에 들어갈 수 있는 자연수는 모두 몇 개인지 구하시오.

$$1\frac{5}{7} - \frac{\square}{7} > \frac{6}{7}$$

답 (   )개

 [보기]   6   12   5

$1\frac{5}{7} - \frac{\square}{7} = \frac{6}{7}$ 일 때

$\frac{12}{7} - \frac{\square}{7} = \frac{6}{7}$

$12 - \square = 6$

$\square = \boxed{} - 6 = 6$ 이고,

$1\frac{5}{7} - \frac{\square}{7}$ 는 $\frac{6}{7}$ 보다

커야 하므로

□ 안에 들어갈 수 있는

자연수는 $\boxed{}$ 보다 작은

1, 2, 3, 4, 5 → $\boxed{}$ 개

05 끈이 $6\frac{1}{4}$ m 있다. 상자 한 개를 묶는 데 끈이 $2\frac{3}{4}$ m 필요하다면 상자를 몇 개까지 묶을 수 있고, 남는 끈은 몇 m인지 구하시오.

답 (　　　　)개, (　　　　)m

 [보기]　　$\frac{3}{4}$　　$3\frac{2}{4}$　　2

$6\frac{1}{4} - 2\frac{3}{4}$

$= 5\frac{5}{4} - 2\frac{3}{4}$

$=$ 　　,

$3\frac{2}{4} - 2\frac{3}{4}$

$= 2\frac{6}{4} - 2\frac{3}{4}$

$= \frac{3}{4}$

$\frac{3}{4}$에서 $2\frac{3}{4}$을 뺄 수 없으므로

상자를 　개까지

묶을 수 있고,

남는 끈은 　m이다.

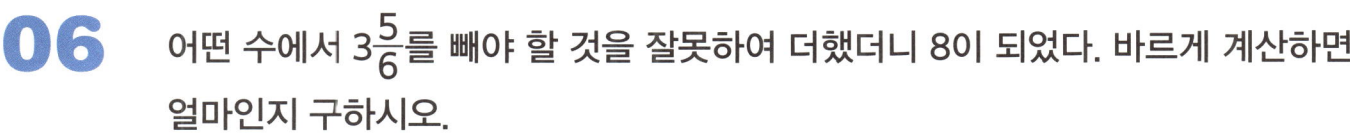

월 ( ) 일 ( )

06 어떤 수에서 $3\frac{5}{6}$ 를 빼야 할 것을 잘못하여 더했더니 8이 되었다. 바르게 계산하면 얼마인지 구하시오.

답 ( )

 [보기] $3\frac{5}{6}$ $\frac{2}{6}$ $7\frac{6}{6}$

어떤 수를 □라 하면

$$\square + 3\frac{5}{6} = 8$$

$$\square = 8 - 3\frac{5}{6}$$

$$= \boxed{} - 3\frac{5}{6}$$

$$= 4\frac{1}{6}$$

바르게 계산하면

$$4\frac{1}{6} - \boxed{}$$

$$= 3\frac{7}{6} - 3\frac{5}{6}$$

$$= \boxed{}$$

07 길이가 14cm인 종이 3장을 다음과 같이 $1\frac{3}{5}$cm씩 겹치게 이어 붙였다. 이어 붙인 종이의 전체 길이는 몇 cm인지 구하시오.

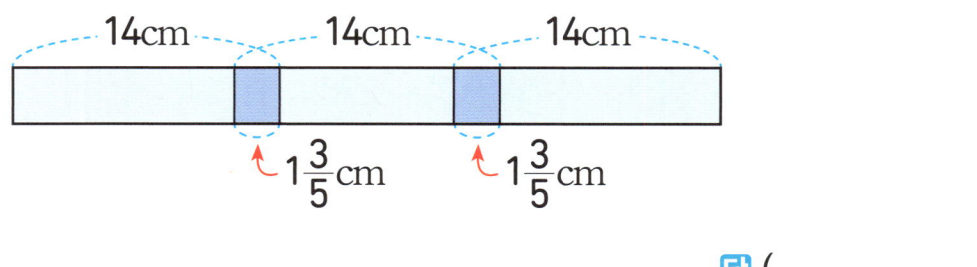

답 ( )cm

[보기] $2\frac{6}{5}$ $\quad$ 42 $\quad$ $38\frac{4}{5}$

종이 3장의 길이의 합

$= 14 \times 3 = 42$ (cm)

겹쳐진 부분의 길이의 합

$= 1\frac{3}{5} + 1\frac{3}{5}$

$=$

$= 3\frac{1}{5}$ (cm)

이어 붙인 종이의 전체 길이

$=$ $- 3\frac{1}{5}$

$= 41\frac{5}{5} - 3\frac{1}{5}$

$=$ (cm)

월   일

08

짧은 변이 긴 변보다 $\frac{3}{4}$m만큼 더 짧은 직사각형이 있다. 이 직사각형의 긴 변이 $2\frac{1}{4}$m라면 직사각형의 네 변의 길이의 합은 몇 m인지 구하시오.

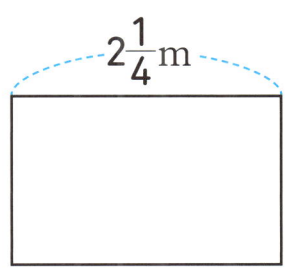

$2\frac{1}{4}$m

답 (   )m

 [보기] $1\frac{2}{4}$ $2\frac{1}{4}$ $7\frac{2}{4}$

짧은 변의 길이

$= 2\frac{1}{4} - \frac{3}{4}$

$= 1\frac{5}{4} - \frac{3}{4}$

$= \boxed{}$ (m)

직사각형의 네 변의

길이의 합

$= 2\frac{1}{4} + 1\frac{2}{4} + \boxed{} + 1\frac{2}{4}$

$= 6\frac{6}{4}$

$= \boxed{}$ (m)

35

09 5장의 수 카드 중 3장을 골라 한 번씩만 사용하여 분모가 7인 대분수를 만들려고 한다. 만들 수 있는 대분수 중 가장 큰 대분수와 가장 작은 대분수의 차를 구하시오.

8	1	6	4	7

답 (   )

[보기] $8\frac{6}{7}$ $7\frac{2}{7}$ 7

분모에 사용할 [ ]을 제외하면

$1 < 4 < 6 < 8$

만들 수 있는

가장 큰 대분수 : [ ]

가장 작은 대분수 : $1\frac{4}{7}$

$8\frac{6}{7} - 1\frac{4}{7} = $ [ ]

월   일

10

기호 ◇를 다음과 같이 약속할 때, $1\frac{4}{9}$◇8의 값은 얼마인지 구하시오.

$$ㄱ◇ㄴ=ㄴ-ㄱ-ㄱ$$

답 (   )

[보기] $6\frac{5}{9}$ $5\frac{1}{9}$ $1\frac{4}{9}$

$1\frac{4}{9}$ ◇ 8

$= 8 - \boxed{} - 1\frac{4}{9}$

$= 7\frac{9}{9} - 1\frac{4}{9} - 1\frac{4}{9}$

$= \boxed{} - 1\frac{4}{9}$

$= \boxed{}$

STEP 2 심화

월 ⬤ 일

11 규칙에 따라 수를 늘어놓은 것이다. 다섯째와 여섯째에 놓이는 수의 합은 얼마인지 구하시오.

$$1\frac{18}{19}, \ 2\frac{16}{19}, \ 3\frac{14}{19}, \cdots$$

답 ( )

 [보기] $11\frac{18}{19}$ $6\frac{8}{19}$ 2

분모가 19인 대분수의

자연수 부분은 1부터

1씩 커지고,

분자는 18부터

◻ 씩 작아지는 규칙이다.

넷째 : $4\frac{12}{19}$

다섯째 : $5\frac{10}{19}$

여섯째 : ◻

$5\frac{10}{19} + 6\frac{8}{19} = $ ◻

12 연아는 어제와 오늘 역사책을 읽었다. 어제는 전체의 $\frac{2}{6}$만큼 읽고, 오늘은 전체의 $\frac{3}{6}$만큼 읽었다. 남은 쪽수가 17쪽이라면 역사책의 전체 쪽수는 몇 쪽인지 구하시오.

1주차

답 (   )쪽

 [보기]   102   1 $\frac{5}{6}$

어제와 오늘 읽은

쪽수는 전체의

$\frac{2}{6} + \frac{3}{6} = \frac{5}{6}$이다.

전체를 ▢ 로 보았을 때

남은 쪽수는 전체의

$1 -$ ▢ $= \frac{1}{6}$이다.

전체의 $\frac{1}{6}$만큼이

17쪽이므로 전체 쪽수는

$17 \times 6 =$ ▢ (쪽)이다.

13 상자 안에 똑같은 병 6개를 넣고 무게를 재어 보니 $3\frac{1}{8}$kg이었다. 병 2개를 꺼내고 다시 상자의 무게를 재어 보니 $1\frac{3}{8}$kg이었다면 병 한 개의 무게는 몇 kg인지 구하시오.

답 (   )kg

 [보기] $\frac{7}{8}$ $1\frac{6}{8}$ $2\frac{9}{8}$

병 2개의 무게

$= 3\frac{1}{8} - 1\frac{3}{8}$

$= \boxed{} - 1\frac{3}{8}$

$= 1\frac{6}{8}$ (kg)

$\boxed{} = \frac{14}{8} = \frac{7}{8} + \frac{7}{8}$ 이므로

병 한 개의 무게

$= \boxed{}$ (kg)

40

월   일

14 전국체육대회 높이뛰기 경기에서 수호, 우주, 태하가 금, 은, 동메달을 나누어 가졌다. 수호의 기록은 $3\frac{7}{10}$m이고, 우주의 기록은 수호의 기록보다 $1\frac{9}{10}$m 더 짧았다. 태하의 기록은 우주의 기록보다 $1\frac{3}{10}$m 더 길다고 할 때, 은메달의 기록을 구하시오.

1주차

답 (   )m

 [보기] $1\frac{3}{10}$ $1\frac{8}{10}$ $3\frac{1}{10}$

우주의 기록

$= 3\frac{7}{10} - 1\frac{9}{10}$

$= 2\frac{17}{10} - 1\frac{9}{10}$

$= \boxed{}$ (m)

태하의 기록

$= 1\frac{8}{10} + \boxed{}$

$= 2\frac{11}{10}$

$= 3\frac{1}{10}$ (m)

$3\frac{7}{10} > 3\frac{1}{10} > 1\frac{8}{10}$ 이므로

은메달 기록 : $\boxed{}$ m

01

분모가 11인 진분수 중에서 $\dfrac{6}{11}$ 보다 작은 분수들의 합을 구하시오.

답 (   )

[보기] $\dfrac{5}{11}$ $\dfrac{15}{11}$ $1\dfrac{4}{11}$

분모가 11인 진분수 중에서

$\dfrac{6}{11}$보다 작은 분수 :

$\dfrac{1}{11}$, $\dfrac{2}{11}$, $\dfrac{3}{11}$, $\dfrac{4}{11}$, 　

$\dfrac{1}{11} + \dfrac{2}{11} + \dfrac{3}{11} + \dfrac{4}{11} + \dfrac{5}{11}$

=

=

월   일

02

밀가루가 $8\frac{1}{14}$kg 있다. 빵 한 개를 만드는 데 밀가루가 $2\frac{5}{14}$kg 필요하다면 빵을 몇 개까지 만들 수 있고, 남는 밀가루는 몇 kg인지 구하시오.

2주차

답 (   )개, (   )kg

 [보기]   3   1 $2\frac{5}{14}$

$8\frac{1}{14} - 2\frac{5}{14}$

$= 7\frac{15}{14} - 2\frac{5}{14}$

$= 5\frac{10}{14}$,

$5\frac{10}{14} - $

$= 3\frac{5}{14}$,

$3\frac{5}{14} - 2\frac{5}{14}$

$= 1$

1에서 $2\frac{5}{14}$를 뺄 수

없으므로 빵을 개까지

만들 수 있고,

남는 밀가루는 ☐ kg이다.

03 고구마는 당근보다 $\frac{1}{9}$ kg 더 무겁고, 멜론보다 $4\frac{7}{9}$ kg 더 가볍다. 멜론이 5kg이라면 당근은 몇 kg인지 구하시오.

답 (   ) kg

[보기] $4\frac{9}{9}$ $\frac{2}{9}$ $\frac{1}{9}$

고구마의 무게

$= 5 - 4\frac{7}{9}$

$= \boxed{} - 4\frac{7}{9}$

$= \frac{2}{9}$ (kg)

당근의 무게

$= \boxed{} - \frac{1}{9}$

$= \boxed{}$ (kg)

월   일

04

현우는 어제부터 소설책을 읽고 있다. 어제는 전체의 $\frac{2}{15}$ 만큼 읽고, 오늘은 전체의 $\frac{7}{15}$ 만큼 읽었다. 어제와 오늘 읽은 소설책이 모두 90쪽일 때, 현우가 읽고 있는 소설책의 전체 쪽수는 몇 쪽인지 구하시오.

답 (   )쪽

2주차

[보기]   9   150 $\frac{7}{15}$

어제와 오늘 읽은

쪽수는 전체의

$\frac{2}{15}$ + ⬜ = $\frac{9}{15}$ 이다.

전체의 $\frac{9}{15}$ 만큼이

90쪽이므로 전체의 $\frac{1}{15}$ 은

90 ÷ ⬜ = 10 (쪽)이고,

전체 쪽수는

10 × 15 = ⬜ (쪽)이다.

05 어떤 수에서 $3\frac{1}{8}$을 빼야 할 것을 잘못하여 자연수 부분과 분자를 바꾼 분수를 뺐더니 $6\frac{7}{8}$이 되었다. 바르게 계산하면 얼마인지 구하시오.

답 (   )

 [보기] $1\frac{3}{8}$ $5\frac{1}{8}$ $7\frac{10}{8}$

잘못하여 뺀 분수는

$3\frac{1}{8}$의 자연수 부분과

분자를 바꾼 [   ]이다.

어떤 수를 □라 하면

$\square - 1\frac{3}{8} = 6\frac{7}{8}$

$\square = 6\frac{7}{8} + 1\frac{3}{8}$

$= $ [   ]

$= 8\frac{2}{8}$

바르게 계산하면

$8\frac{2}{8} - 3\frac{1}{8} = $

월   일

06 규칙에 따라 분수를 늘어놓은 것이다. 늘어놓은 분수들의 합은 얼마인지 구하시오.

$$1\frac{2}{14},\ 3\frac{4}{14},\ 5\frac{6}{14},\ \cdots,\ 11\frac{12}{14}$$

답 (   )

 [보기] $36\frac{42}{14}$ $7\frac{8}{14}$ 39

분모가 14인 대분수의

자연수 부분은 1부터

2씩 커지고,

분자는 2부터

2씩 커지는 규칙이다.

$1\frac{2}{14}+3\frac{4}{14}+5\frac{6}{14}+$ ▨

$+9\frac{10}{14}+11\frac{12}{14}$

= ▨

= ▨

2주차

07 하루에 $1\frac{3}{4}$분씩 느려지는 시계가 있다. 이 시계를 10월 1일 오후 2시에 정확하게 맞추어 놓았을 때, 같은 달 5일 오후 2시에 이 시계가 가리키는 시각은 오후 몇 시 몇 분인지 구하시오.

답 오후 (　　　　　)시 (　　　　　)분

 [보기]　　$4\frac{12}{4}$　　2　　53

10월 1일 오후 2시부터

10월 5일 오후 2시까지

4일 동안 느려지는 시간

$=1\frac{3}{4}+1\frac{3}{4}+1\frac{3}{4}+1\frac{3}{4}$

$=$

$=7$(분)

10월 5일 오후 2시에

이 시계가 가리키는 시각

$=$ 오후 　　시 $-$ 7분

$=$ 오후 1시 　　분

월   일

08

길이가 12cm인 양초가 있다. 이 양초는 20분에 $2\frac{7}{15}$ cm씩 일정한 빠르기로 탄다. 양초에 불을 붙이고 한 시간이 지난 후 남은 양초의 길이는 몇 cm인지 구하시오.

답 (   )cm

 [보기] $4\frac{9}{15}$ $6\frac{21}{15}$ 3

한 시간은 20분의 ☐ 배이므로

한 시간 동안 타는

양초의 길이

$= 2\frac{7}{15} + 2\frac{7}{15} + 2\frac{7}{15}$

$=$ ☐

$= 7\frac{6}{15}$ (cm)

한 시간이 지난 후 남은

양초의 길이

$= 12 - 7\frac{6}{15}$

$= 11\frac{15}{15} - 7\frac{6}{15}$

$=$ ☐ (cm)

2 삼각형

이번 단원에서 학습할 내용!

- ⭐ 이등변삼각형과 정삼각형
- ⭐ 이등변삼각형의 성질
- ⭐ 정삼각형의 성질
- ⭐ 예각삼각형과 둔각삼각형
- ⭐ 삼각형을 두 가지 기준으로 분류하기

01 이등변삼각형 ㄱㄴㄷ의 세 변의 길이의 합은 34cm이다. 변 ㄴㄷ의 길이는 몇 cm 인지 구하시오.

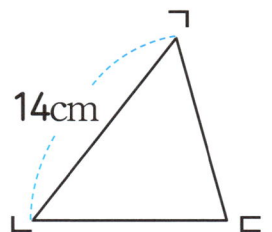

14cm

답 (   )cm

 [보기]   14   10   34

이등변삼각형이므로

(변 ㄴㄷ) = (변 ㄱㄷ)

14 + (변 ㄴㄷ) + (변 ㄱㄷ)

=

(변 ㄴㄷ) + (변 ㄱㄷ)

= 34 -   = 20

(변 ㄴㄷ) = 20 ÷ 2 =   (cm)

02 세 변의 길이의 합이 30cm인 정삼각형 8개를 겹치지 않게 이어 붙여 만든 도형이다. 파란색 선의 길이는 몇 cm인지 구하시오.

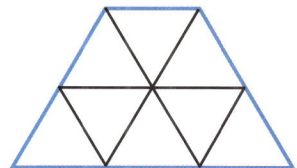

답 (   )cm

 [보기]   3   8   80

정삼각형의 한 변

= 30 ÷ ⬜ = 10 (cm)

파란색 선의 길이는

정삼각형의 한 변의

⬜ 배이므로

파란색 선의 길이

= 10 × 8 = ⬜ (cm)

03 도형에서 찾을 수 있는 크고 작은 예각삼각형은 모두 몇 개인지 구하시오.

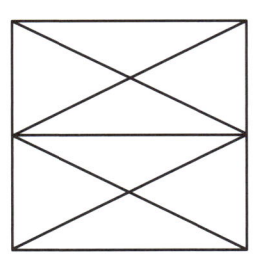

답 ( )개

[보기] ⑧ ⑤ 6

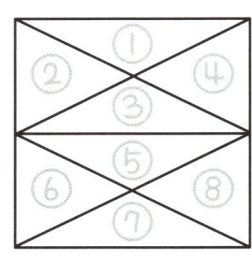

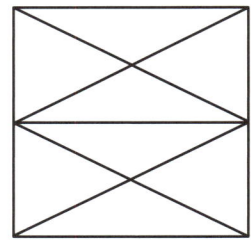

작은 삼각형 1개짜리 :

②, ④, ⑥, [ ] → 4개

작은 삼각형 4개짜리 :

② + ③ + ⑤ + ⑥,

④ + ③ + [ ] + ⑧ → 2개

4 + 2 = [ ] (개)

월   일

04 길이가 1m인 끈이 있다. 이 끈으로 한 변이 7cm인 정삼각형을 몇 개까지 만들 수 있는지 구하시오.

2주차

답 (   )개

[보기]   4   16   21

1m = 100cm 이고,

한 변이 7cm인

정삼각형 한 개를

만드는 데 필요한 끈의 길이는

7 × 3 = 21(cm) 이다.

100 ÷ ___ = 4 … 16 이므로

정삼각형을 ___ 개까지

만들고 ___ cm가 남는다.

05 다음 이등변삼각형과 세 변의 길이의 합이 같은 정삼각형을 만들려고 한다. 정삼각형의 한 변은 몇 **cm**로 해야 하는지 구하시오.

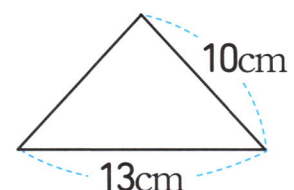
10cm
13cm

답 (   )cm

 [보기]   10   11   13

이등변삼각형의

나머지 한 변은

   cm이므로

이등변삼각형의 세 변의

길이의 합

= 10 +   + 10 = 33 (cm)

정삼각형의 한 변

= 33 ÷ 3 =   (cm)

06 삼각형 ㄱㄴㄷ은 이등변삼각형이다. □ 안에 알맞은 수를 구하시오.

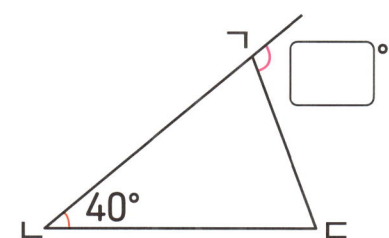

답 (   )°

[보기]   2   40   110

이등변 삼각형 ㄱㄴㄷ에서

(각 ㄴㄱㄷ) = (각 ㄴㄷㄱ)

(각 ㄴㄱㄷ) + (각 ㄴㄷㄱ)

= 180° -   ° = 140°

(각 ㄴㄱㄷ) = 140° ÷   = 70°

□ = 180° - 70° =   °

07 다음 도형에서 점 ㅇ은 원의 중심이다. 각 ㄴㄱㅇ의 크기를 구하시오.

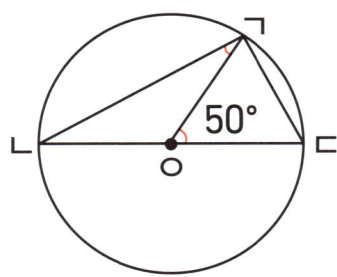

답 (   )°

 [보기]   25   2   130

원의 반지름의 길이는 모두

같으므로 삼각형 ㄱㄴㅇ은

이등변 삼각형이다.

(각 ㄱㅇㄴ) = 180°-50° = 130°

(각 ㄴㄱㅇ) + (각 ㄱㄴㅇ)

= 180° - ☐° = 50°

(각 ㄴㄱㅇ) = 50°÷ ☐ = ☐°

08 다음 도형은 정삼각형 ㄱㄴㄷ과 이등변삼각형 ㄱㄷㄹ을 겹치지 않게 이어 붙여 만든 것이다. 각 ㄷㄱㄹ의 크기를 구하시오.

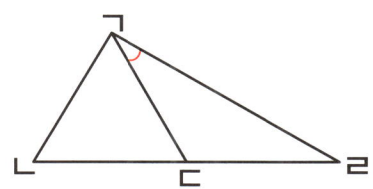

답 (   )°

 [보기]   30   60   120

정삼각형 ㄱㄴㄷ에서

(각 ㄱㄷㄴ) = 60°

(각 ㄱㄷㄹ) = 180° - 　　° = 120°

이등변삼각형 ㄱㄷㄹ에서

(각 ㄷㄱㄹ) + (각 ㄷㄹㄱ)

= 180° - 　　° = 60°

(각 ㄷㄱㄹ) = 60° ÷ 2 = 　　°

09 삼각형 ㄱㄴㄷ과 삼각형 ㄱㄹㅁ은 정삼각형이다. 사각형 ㄹㄴㄷㅁ의 네 변의 길이의 합은 몇 **cm**인지 구하시오.

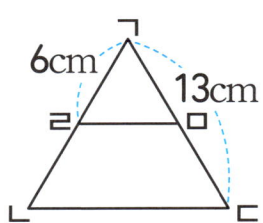

답 (   )cm

 [보기]   13   33   6

정삼각형이므로

(변 ㄱㄴ) = (변 ㄴㄷ) = (변 ㄱㄷ)

= ▢ cm

(변 ㄹㅁ) = (변 ㄱㅁ) = (변 ㄱㄹ)

= 6cm

(변 ㄹㄴ) = (변 ㅁㄷ) = 13 - ▢

= 7 (cm)

사각형 ㄹㄴㄷㅁ의 네 변의

길이의 합

= 7 + 13 + 7 + 6 = ▢ (cm)

10 삼각형 ㄱㄴㄷ은 정삼각형이고, 삼각형 ㄹㄴㄷ은 이등변삼각형이다. 각 ㄱㄷㄹ의 크기를 구하시오.

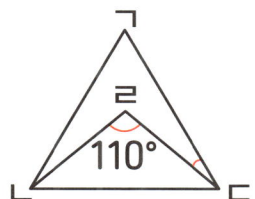

답 ( )°

 [보기] 180 60 25

이등변삼각형 ㄹㄴㄷ에서

(각 ㄹㄴㄷ) + (각 ㄹㄷㄴ)

= ▢° - 110° = 70°

(각 ㄹㄷㄴ) = 70° ÷ 2 = 35°

정삼각형 ㄱㄴㄷ에서

(각 ㄱㄷㄴ) = 60°

(각 ㄱㄷㄹ) = ▢° - 35° = ▢°

11 정삼각형 ㄱㄴㄷ과 이등변삼각형 ㄱㄷㄹ을 겹치지 않게 이어 붙여 만든 사각형이다. 이 사각형의 네 변의 길이의 합이 40cm일 때, 변 ㄱㄴ의 길이는 몇 cm인지 구하시오.

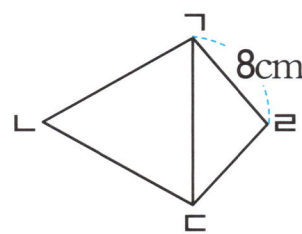

답 ( )cm

 [보기]   8   12   40

이등변삼각형 ㄱㄷㄹ에서

(변 ㄷㄹ) = (변 ㄱㄹ) = 8cm

사각형의 네 변의 길이의 합

(변 ㄱㄴ) + (변 ㄴㄷ) + 8 + ☐

= 40 이므로

(변 ㄱㄴ) + (변 ㄴㄷ)

= ☐ − 8 − 8 = 24 (cm)

삼각형 ㄱㄴㄷ은 정삼각형이므로

(변 ㄱㄴ) = 24 ÷ 2 = ☐ (cm)

12 다음 도형에서 삼각형 ㄱㄴㄷ은 정삼각형이고, 삼각형 ㅁㄴㄹ은 이등변삼각형이다. 각 ㄴㅂㄷ의 크기를 구하시오.

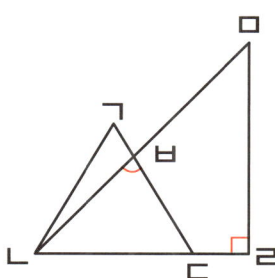

답 (   )°

 [보기]   90   2   75

정삼각형 ㄱㄴㄷ에서

(각 ㄱㄷㄴ) = 60°

삼각형 ㅁㄴㄹ은 한 각이

직각인 이등변삼각형이므로

(각 ㅁㄴㄹ) + (각 ㄴㅁㄹ)

= 180° - ⬚ ° = 90°

(각 ㅁㄴㄹ) = 90° ÷ ⬚ = 45°

삼각형 ㅂㄴㄷ에서

(각 ㄴㅂㄷ)

= 180° - 45° - 60° = ⬚ °

13 이등변삼각형 ㄱㄴㄷ과 정삼각형 ㄷㅁㅂ의 세 변의 길이의 합은 같다. 사각형 ㄴㄹㅁㄷ의 네 변의 길이의 합은 몇 **cm**인지 구하시오.

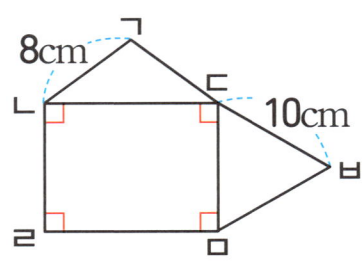

답 ( )**cm**

[보기] 10 30 48

정삼각형 ㄷㅁㅂ의 세 변의

길이의 합 = 10 × 3 = 30 (cm)

이등변삼각형 ㄱㄴㄷ에서

(변 ㄱㄷ) = (변 ㄱㄴ) = 8 cm

(변 ㄴㄷ) = ☐ - 8 - 8 = 14 (cm)

(변 ㄴㄹ) = (변 ㄷㅁ) = ☐ cm

(변 ㄹㅁ) = (변 ㄴㄷ) = 14 cm

사각형 ㄴㄹㅁㄷ의 네 변의

길이의 합

= 10 + 14 + 10 + 14 = ☐ (cm)

월   일

14 다음 도형에서 사각형 ㄱㄴㄷㄹ은 정사각형이고, 삼각형 ㄹㄷㅁ은 정삼각형이다. 각 ㄹㅁㄱ의 크기를 구하시오.

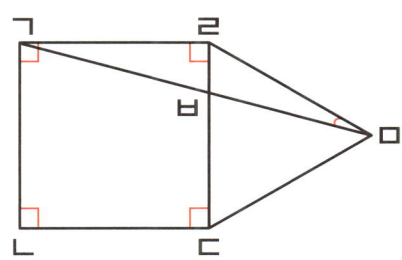

답 (   )°

[보기]   60   15   150

정삼각형 ㄹㄷㅁ에서

(각 ㄷㄹㅁ) = 60°,

(변 ㄹㄷ) = (변 ㄹㅁ)

정사각형 ㄱㄴㄷㄹ에서

(변 ㄱㄹ) = (변 ㄹㄷ)이므로

삼각형 ㄱㄹㅁ은 이등변삼각형이다.

(각 ㄱㄹㅁ) = 90° + ▢° = 150°

(각 ㄹㄱㅁ) + (각 ㄹㅁㄱ)

= 180° - ▢° = 30°

(각 ㄹㅁㄱ) = 30° ÷ 2 = ▢°

01 이등변삼각형 ㄱㄴㄷ의 세 변의 길이의 합은 23cm이다. □ 안에 알맞은 수를 구하시오.

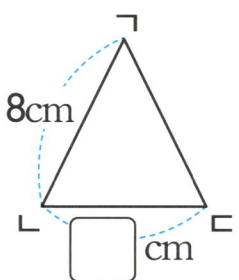

8cm

□ cm

답 (   )

[보기]   8   7   23

이등변삼각형이므로

(변ㄱㄷ) = (변ㄱㄴ) = ▢ cm

$8 + \square + 8 = 23$

$\square = \boxed{} - 8 - 8 = \boxed{}$

02

세 변의 길이의 합이 27cm인 정삼각형 14개를 겹치지 않게 이어 붙여 만든 도형이다. 파란색 선의 길이는 몇 cm인지 구하시오.

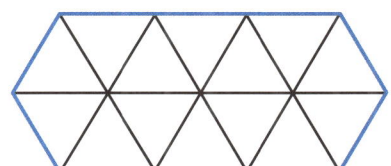

답 (   )cm

  [보기]   3   10   90

정삼각형의 한 변

= 27 ÷ ☐ = 9 (cm)

파란색 선의 길이는

정삼각형의 한 변의

☐ 배이므로

파란색 선의 길이

= 9 × 10 = ☐ (cm)

03 도형에서 찾을 수 있는 크고 작은 둔각삼각형은 모두 몇 개인지 구하시오.

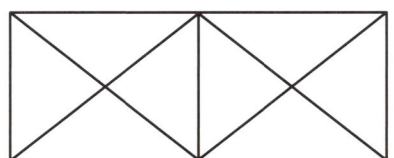

답 (   )개

[보기]   ⑦   ⑤   6

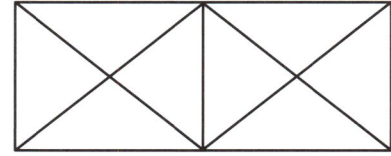

작은 삼각형 1개짜리 :

①, ③, ▨, ⑦ → 4개

작은 삼각형 4개짜리 :

① + ④ + ⑥ + ⑤,

③ + ④ + ⑥ + ▨ → 2개

4 + 2 = ▨ (개)

04 길이가 1m인 끈이 있다. 이 끈으로 한 변이 9cm인 정삼각형을 몇 개까지 만들 수
있는지 구하시오.

답 (   )개

3주차

[보기]   27   19   3

1m = 100cm 이고,

한 변이 9cm인

정삼각형 한 개를

만드는 데 필요한 끈의 길이는

9 × 3 = 27 (cm) 이다.

100 ÷ ☐ = 3 ⋯ 19 이므로

정삼각형을 ☐ 개까지

만들고 ☐ cm가 남는다.

05 다음 이등변삼각형과 세 변의 길이의 합이 같은 정삼각형을 만들려고 한다. 정삼각형의 한 변은 몇 **cm**로 해야 하는지 구하시오.

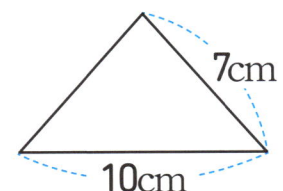

7cm

10cm

답 (   )cm

[보기]   7   8   24

이등변삼각형의

나머지 한 변은

7cm 이므로

이등변삼각형의 세 변의

길이의 합

= 7 + 10 + ☐ = 24 (cm)

정삼각형의 한 변

= ☐ ÷ 3 = ☐ (cm)

정답 22 쪽

월   일

06 삼각형 ㄱㄴㄷ은 이등변삼각형이다. ㉠의 각도를 구하시오.

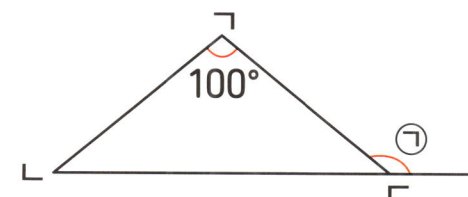

답 (   )°

3주차

  [보기]   80   140   180

이등변삼각형 ㄱㄴㄷ에서

(각 ㄱㄴㄷ) = (각 ㄱㄷㄴ)

(각 ㄱㄴㄷ) + (각 ㄱㄷㄴ)

= ☐° - 100° = 80°

(각 ㄱㄷㄴ) = ☐° ÷ 2 = 40°

㉠ = 180° - 40° = ☐°

71

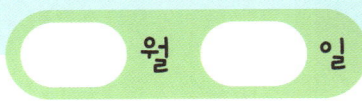

07 다음 도형에서 점 ㅇ은 원의 중심이다. 각 ㄴㄱㅇ의 크기를 구하시오.

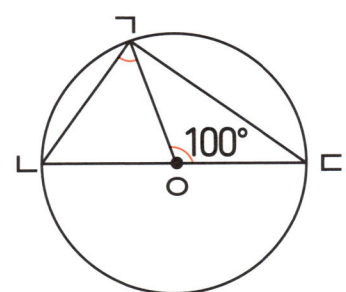

답 (   )°

 [보기]   50   80   100

원의 반지름의 길이는 모두

같으므로 삼각형 ㄱㄴㅇ은

이등변삼각형이다.

(각 ㄱㅇㄴ) = 180° -   ° = 80°

(각 ㄴㄱㅇ) + (각 ㄱㄴㅇ)

= 180° -   ° = 100°

(각 ㄴㄱㅇ) = 100° ÷ 2 =   °

08 다음 도형은 정삼각형 ㄱㄴㄷ과 이등변삼각형 ㄱㄷㄹ을 겹치지 않게 이어 붙여 만든 것이다. 각 ㄱㄹㄷ의 크기를 구하시오.

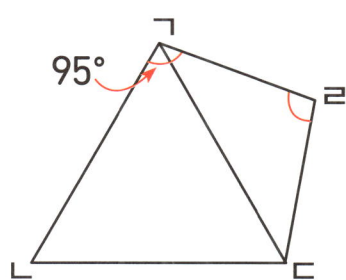

답 (   )°

 [보기]   60   35   110

정삼각형 ㄱㄴㄷ에서

(각 ㄴㄱㄷ)=60°

(각 ㄷㄱㄹ) = 95° ⬜° = 35°

이등변삼각형 ㄱㄷㄹ에서

(각 ㄱㄷㄹ)=(각 ㄷㄱㄹ) = 35°

(각 ㄱㄹㄷ)

=180° - ⬜° - 35° = ⬜°

09 삼각형 ㄱㄴㄷ과 삼각형 ㄹㄴㅁ은 정삼각형이다. 사각형 ㄱㄹㅁㄷ의 네 변의 길이의 합은 몇 cm인지 구하시오.

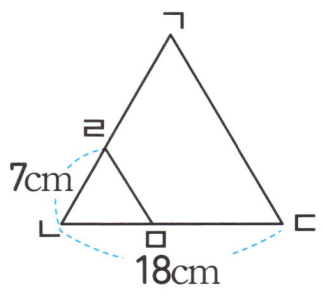

답 (   )cm

 [보기]   47   11   7

정삼각형이므로

(변ㄱㄴ)=(변ㄱㄷ)=(변ㄴㄷ)

=18 cm

(변ㄴㅁ)=(변ㄹㅁ)=(변ㄹㄴ)

=   cm

(변ㄱㄹ)=(변ㅁㄷ)=18-7

=11(cm)

사각형 ㄱㄹㅁㄷ의 네 변의

길이의 합

=11+7+   +18=   (cm)

월   일

10 삼각형 ㄱㄴㄷ은 정삼각형이고, 삼각형 ㄹㄴㄷ은 이등변삼각형이다. 각 ㄱㄴㄹ의 크기를 구하시오.

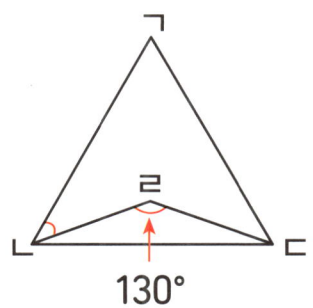

130°

답 (   )°

 [보기]   25   35   2

이등변삼각형 ㄹㄴㄷ에서

(각 ㄹㄴㄷ) + (각 ㄹㄷㄴ)

= 180° - 130° = 50°

(각 ㄹㄴㄷ) = 50° ÷ ☐ = 25°

정삼각형 ㄱㄴㄷ에서

(각 ㄱㄴㄷ) = 60°

(각 ㄱㄴㄹ) = 60° - ☐° = ☐°

11 이등변삼각형 ㄱㄴㄷ과 정삼각형 ㄱㄷㄹ을 겹치지 않게 이어 붙여 만든 사각형이다. 이 사각형의 네 변의 길이의 합이 54cm일 때, 변 ㄱㄴ의 길이는 몇 cm인지 구하시오.

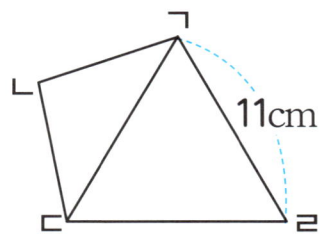

11cm

답 (   )cm

[보기]   11   54   16

정삼각형 ㄱㄷㄹ에서

(변 ㄷㄹ)=(변 ㄱㄹ)=11cm

사각형의 네 변의 길이의 합

(변 ㄱㄴ)+(변 ㄴㄷ)+11+11

=   이므로

(변 ㄱㄴ)+(변 ㄴㄷ)

=54-11-   =32 (cm)

삼각형 ㄱㄴㄷ은

이등변삼각형이므로

(변 ㄱㄴ)=32÷2=   (cm)

12 다음 도형에서 삼각형 ㄱㄴㄷ은 이등변삼각형이다. 각 ㄴㅂㄷ의 크기를 구하시오.

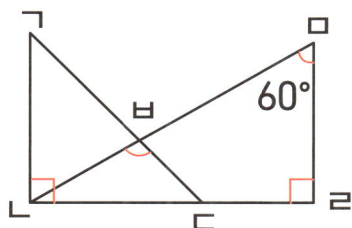

답 (   )°

 [보기]   90   45   105

이등변삼각형 ㄱㄴㄷ에서

(각 ㄴㄱㄷ) + (각 ㄴㄷㄱ)

= 180° − 90° = 90°

(각 ㄴㄷㄱ) = 90° ÷ 2 = 45°

삼각형 ㅁㄴㄹ에서

(각 ㅁㄴㄹ)

= 180° − 60° − ⬚° = 30°

삼각형 ㅂㄴㄷ에서

(각 ㄴㅂㄷ)

= 180° − 30° − ⬚° = ⬚°

13 정삼각형 ㄱㄴㄷ과 이등변삼각형 ㄷㅁㅂ의 세 변의 길이의 합은 같다. 사각형 ㄴㄹㅁㄷ의 네 변의 길이의 합은 몇 **cm**인지 구하시오.

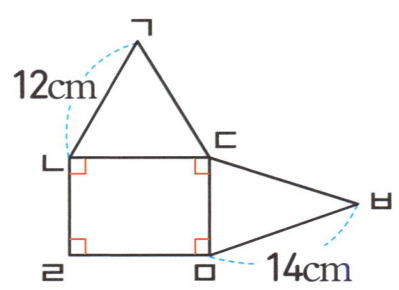

답 ( )cm

 [보기] 14 12 40

정삼각형 ㄱㄴㄷ의 세 변의

길이의 합 = 12 × 3 = 36 (cm)

이등변삼각형 ㄷㅁㅂ에서

(변 ㄷㅂ) = (변 ㅁㅂ) = 14 cm

(변 ㄷㅁ) = 36 - 14 - ▨ = 8 (cm)

(변 ㄴㄹ) = (변 ㄷㅁ) = 8 cm

(변 ㄹㅁ) = (변 ㄴㄷ) = ▨ cm

사각형 ㄴㄹㅁㄷ의 네 변의

길이의 합

= 8 + 12 + 8 + 12 = ▨ (cm)

월 일

14 다음 도형에서 삼각형 ㄱㄴㄷ은 정삼각형이고, 사각형 ㄱㄷㄹㅁ은 정사각형이다. 각 ㄱㄴㅁ의 크기를 구하시오.

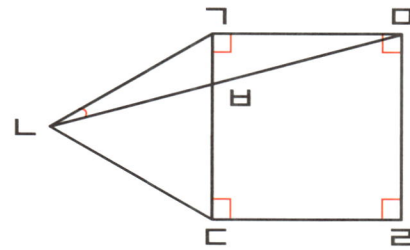

답 ( )°

3주차

 [보기] 15 180 90

정삼각형 ㄱㄴㄷ에서

(각 ㄴㄱㄷ)=60°,

(변 ㄱㄴ)=(변 ㄱㄷ)

정사각형 ㄱㄷㄹㅁ에서

(변 ㄱㄷ)=(변 ㄱㅁ) 이므로

삼각형 ㄱㄴㅁ은 이등변삼각형이다.

(각 ㄴㄱㅁ)=60°+ °=150°

(각 ㄱㄴㅁ)+(각 ㄱㅁㄴ)

= °-150°=30°

(각 ㄱㄴㅁ)=30°÷2= °

01 세 변의 길이의 합이 25cm인 이등변삼각형이다. □ 안에 알맞은 수를 구하시오.

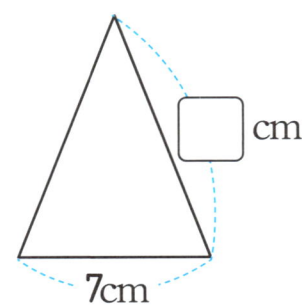

□cm

7cm

답 (   )

 [보기]   7   9   18

이등변삼각형은 두 변의

길이가 같으므로

□ + 7 + □ = 25

□ + □ = 25 − ▨ = 18

□ = ▨ ÷ 2 = ▨

02 세 변의 길이의 합이 45cm인 정삼각형 6개를 겹치지 않게 이어 붙여 만든 도형이다. 파란색 선의 길이는 몇 cm인지 구하시오.

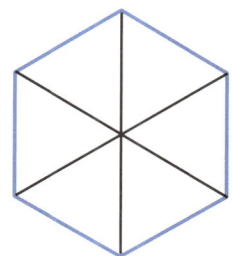

답 (   )cm

 [보기]   6   90   3

정삼각형의 한 변

$= 45 \div$ ☐ $= 15$ (cm)

파란색 선의 길이는

정삼각형의 한 변의

☐ 배 이므로

파란색 선의 길이

$= 15 \times 6 =$ ☐ (cm)

03 삼각형 ㄱㄴㄷ과 삼각형 ㄹㅁㅂ은 이등변삼각형이고, 세 변의 길이의 합은 30cm로 같다. 변 ㄴㄷ과 변 ㅁㅂ의 길이의 합은 몇 cm인지 구하시오.

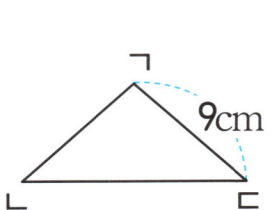

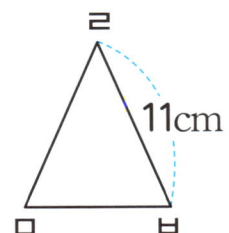

답 (   )cm

 [보기]   9   11   20

이등변 삼각형은 두 변의

길이가 같으므로

(변 ㄱㄴ) = (변 ㄱㄷ) = 9cm

9 + (변 ㄴㄷ) + ▨ = 30

(변 ㄴㄷ) = 30 - 9 - 9 = 12 (cm)

(변 ㄹㅁ) = (변 ㄹㅂ) = 11 cm

11 + (변 ㅁㅂ) + 11 = 30

(변 ㅁㅂ) = 30 - 11 - ▨ = 8 (cm)

(변 ㄴㄷ) + (변 ㅁㅂ)

= 12 + 8 = ▨ (cm)

월   일

04 도형에서 찾을 수 있는 크고 작은 예각삼각형과 둔각삼각형의 수의 합은 몇 개인지 구하시오.

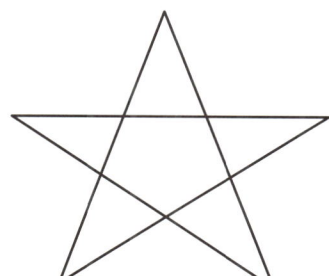

답 (   )개

3주차

[보기]   ④   ⑤   10

예각 삼각형 :

①, ②, ③, [ ], ⑤ → 5 개

둔각 삼각형 :

①+⑥+③ , ①+⑥+④ ,

②+⑥+④, ②+⑥+[ ] ,

③+⑥+⑤ → 5 개

5+5 = [ ] (개)

05 삼각형 ㄱㄴㄹ은 정삼각형이다. 변 ㄱㄷ의 길이는 몇 cm인지 구하시오.

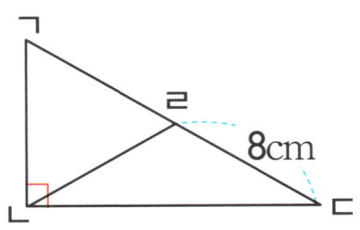

답 (   )cm

 [보기]   16   8   60

(각 ㄱㄴㄹ) = 60°

(각 ㄹㄴㄷ) = 90° - 60° = 30°

삼각형 ㄱㄴㄷ에서

(각 ㄱㄷㄴ)

= 180° -   ° - 90° = 30°

삼각형 ㄹㄴㄷ은

이등변 삼각형이므로

(변 ㄹㄴ) = (변 ㄹㄷ) = 8 cm

(변 ㄱㄹ) = (변 ㄹㄴ) =   cm

(변 ㄱㄷ) = 8 + 8 =   (cm)

월   일

06 삼각형 ㄱㄴㄷ과 삼각형 ㄱㄷㄹ은 이등변삼각형이다. 각 ㄷㄱㄹ의 크기를 구하시오.

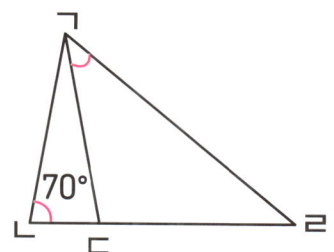

답 (   )°

3주차

[보기]   35   70   2

이등변삼각형 ㄱㄴㄷ에서

(각 ㄱㄷㄴ) = (각 ㄱㄴㄷ) = 70°

(각 ㄱㄷㄹ) = 180° - ☐° = 110°

이등변삼각형 ㄱㄷㄹ에서

(각 ㄷㄱㄹ) + (각 ㄷㄹㄱ)

= 180° - 110° = 70°

(각 ㄷㄱㄹ) = 70° ÷ ☐ = ☐°

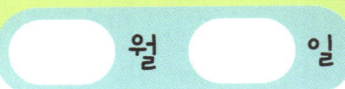

07 한 직선 위에 삼각형 ㄱㄴㄷ과 삼각형 ㅁㄷㄹ을 그렸다. 변 ㄱㄴ과 변 ㄱㄷ, 변 ㄷㄹ과 변 ㅁㄹ의 길이가 각각 같을 때 각 ㄱㄷㅁ의 크기를 구하시오.

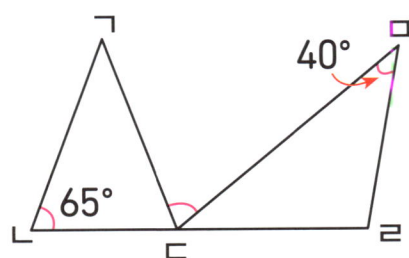

답 (   )°

 [보기]   40   65   75

삼각형 ㄱㄴㄷ은

(변 ㄱㄴ)=(변 ㄱㄷ)인

이등변삼각형이므로

(각 ㄱㄷㄴ) = (각 ㄱㄴㄷ) = ☐°

삼각형 ㅁㄷㄹ은

(변 ㄷㄹ)=(변 ㅁㄹ)인

이등변삼각형이므로

(각 ㅁㄷㄹ) = (각 ㄷㅁㄹ) = 40°

(각 ㄱㄷㅁ)

= 180°− 65°− ☐° = ☐°

정답 28 쪽

월   일

08 삼각형 ㄱㄴㄷ과 삼각형 ㄹㄴㄷ은 이등변삼각형이다. 삼각형 ㄱㄴㄷ의 세 변의 길이의 합은 25cm이고, 삼각형 ㄹㄴㄷ의 세 변의 길이의 합은 11cm이다. 색칠한 도형의 모든 변의 길이의 합은 몇 cm인지 구하시오.

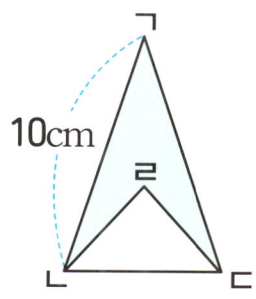

답 (   )cm

3주차

 [보기]   10   5   26

이등변삼각형 ㄱㄴㄷ에서

(변 ㄱㄷ) = (변 ㄱㄴ) = 10 cm

(변 ㄴㄷ) = 25 − 10 − ▢ = 5 (cm)

이등변삼각형 ㄹㄴㄷ에서

(변 ㄹㄴ) + (변 ㄹㄷ)

= 11 − ▢ = 6 (cm)

(변 ㄹㄴ) = (변 ㄹㄷ) = 6 ÷ 2 = 3 (cm)

색칠한 도형의 모든 변의

길이의 합

= 10 + 3 + 3 + 10 = ▢ (cm)

---

3 소수의 덧셈과 뺄셈

이번 단원에서 학습할 내용!

⭐ 소수 두 자리 수
⭐ 소수 세 자리 수
⭐ 소수의 크기 비교
⭐ 소수 사이의 관계
⭐ 소수 한 자리 수의 덧셈과 뺄셈
⭐ 소수 두 자리 수의 덧셈과 뺄셈

01 설명하는 수를 소수로 나타내시오.

$$1이 15개, \frac{1}{10}이 9개, \frac{1}{100}이 4개인 수$$

답 (   )

 [보기] 0.9 0.04 15.94

1이 15개이면 15,

$\frac{1}{10}$ (=0.1)이 9개이면

□□,

$\frac{1}{100}$ (=0.01)이 4개이면

□□□이므로

설명하는 수는

□□□이다.

02 ㉠이 나타내는 수는 ㉡이 나타내는 수의 몇 배인지 구하시오.

17.574
㉠ ㉡

답 (   )배

[보기]   7   0.07   100

㉠은 일의 자리 숫자이므로

7을 나타내고,

㉡은 소수 둘째 자리

숫자이므로 [   ]을

나타낸다.

[   ]은 0.07의 100배이므로

㉠이 나타내는 수는

㉡이 나타내는 수의

[   ]배이다.

03 우주는 할머니와 함께 밭에서 감자를 캤다. 감자를 우주는 0.68kg 캤고, 할머니는 우주보다 450g 더 많이 캤다. 우주와 할머니가 캔 감자는 모두 몇 **kg**인지 구하시오.

답 (   )**kg**

[보기] 1.81 0.45 1.13

1g = 0.001kg 이므로

450g =   kg

할머니가 캔 감자의 무게

= 0.68 + 0.45

=   (kg)

우주와 할머니가 캔

감자의 무게

= 0.68 + 1.13

=   (kg)

04 0부터 9까지의 수 중에서 □ 안에 들어갈 수 있는 수는 모두 몇 개인지 구하시오.

$$0.5\boxed{}8 < 0.549$$

답 (   )개

[보기]   0   4   5

자연수 부분은 [ ] ,

소수 첫째 자리 수는 5로

각각 같고

소수 셋째 자리 수가

8 < 9 이므로

□는 4와 같거나

[ ] 보다 작아야 한다.

□ 안에 들어갈 수

있는 수 :

0, 1, 2, 3, 4 → [ ] 개

05 카드 4장을 한 번씩만 사용하여 소수 두 자리 수를 만들려고 한다. 만들 수 있는 가장 큰 수와 가장 작은 수의 차는 얼마인지 구하시오.

| 7 | 5 | 2 | . |

답 (   )

 [보기] 2.57 7.52 4.95

2 < 5 < 7

만들 수 있는

소수 두 자리 수 중에서

가장 큰 수 : 7.52

가장 작은 수 :

 - 2.57 =

월   일

06 어떤 수에 0.8을 더해야 할 것을 잘못하여 뺐더니 5.9가 되었다. 바르게 계산하면 얼마인지 구하시오.

답 (   )

[보기]   7.5   6.7   0.8

어떤 수를 □라 하면

□ - 0.8 = 5.9

□ = 5.9 +

    =

바르게 계산하면

6.7 + 0.8 =

07 어떤 수를 10배 한 수는 1이 4개, 0.1이 23개, 0.01이 19개인 수와 같다. 어떤 수는 얼마인지 구하시오.

답 (   )

[보기] 2.3   6.49   0.649

어떤 수를 10배 한 수는

1이 4개이면 4,

0.1이 23개이면   ,

0.01이 19개이면

0.19이므로   이다.

어떤 수는 6.49의

$\frac{1}{10}$이므로   이다.

08 무게가 똑같은 책 10권이 들어 있는 상자의 무게를 재어 보니 9.6kg이었다. 이 상자에서 책 1권을 꺼낸 후 다시 무게를 재었더니 8.71kg이 되었다. 빈 상자의 무게는 몇 kg인지 구하시오.

답 (   )kg

[보기] 8.71 0.7 8.9

책 1권의 무게

=9.6 - ▢

=0.89 (kg)

책 10권의 무게는

책 1권의 무게인

0.89 kg 의 10배이므로

▢ kg 이다.

빈 상자의 무게

=9.6 - 8.9

= ▢ (kg)

97

09 떨어뜨린 높이의 $\frac{1}{10}$ 만큼씩 튀어 오르는 공이 있다. 이 공을 29m 높이에서 떨어뜨렸다면 세 번째로 튀어 오른 공의 높이는 몇 m인지 구하시오.

답 (   )m

[보기] $\frac{1}{10}$ 0.29   0.029

첫 번째로 튀어 오른 공의

높이는 29m의 [   ] 이므로

2.9m이다.

두 번째로 튀어 오른 공의

높이는 2.9m의 $\frac{1}{10}$ 이므로

[   ] m이다.

세 번째로 튀어 오른 공의

높이는 0.29m의 $\frac{1}{10}$ 이므로

[   ] m이다.

월 일

10 수직선에서 ㉠과 ㉡이 나타내는 수의 합은 얼마인지 구하시오.

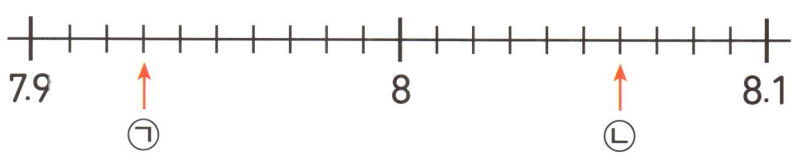

답 ( )

[보기] 15.99 0.01 8.06

7.9와 8 사이를 10등분

했으므로 작은 눈금 한 칸의

크기는 ⬜ 이다.

㉠은 7.9에서 오른쪽으로

작은 눈금 3칸만큼 더

간 수이므로 7.93이고,

㉡은 8에서 오른쪽으로

작은 눈금 6칸만큼 더

간 수이므로 ⬜ 이다.

7.93+8.06= ⬜

4주차

11 □ 안에 들어갈 수 있는 수 중에서 가장 큰 소수 세 자리 수를 구하시오.

$$8.03 - \square > 2.97 + 2.164$$

답 (   )

[보기] 8.03 5.134 2.895

$2.97 + 2.164 = $ [   ] 이므로

$8.03 - \square > 5.134$

$8.03 - \square = 5.134$ 일 때

$\square = $ [   ] $- 5.134$

    $= 2.896$

$8.03 - \square$ 는 5.134 보다

커야 하므로 □는 2.896 보다

작아야 한다.

□ 안에 들어갈 수 있는

가장 큰 소수 세 자리 수:

[   ]

월 일

12 일정한 규칙으로 수를 뛰어 셀 때 ㉠에 알맞은 수는 얼마인지 구하시오.

| 6.53 | | 9.13 | | | ㉠ |

답 ( )

[보기] 2.6 3 13.03

$9.13 - 6.53 = 2.6$

6.53에서 2번 뛰어 세어

2.6이 커졌고,

◻ $= 1.3 + 1.3$ 이므로

1.3씩 뛰어 센 것이다.

㉠은 9.13에서 1.3씩

◻ 번 뛰어 센 수이므로

$9.13 + 1.3 + 1.3 + 1.3$

$=$ ◻ 이다.

13 나트륨은 우리 몸에 필수적인 영양소로 소금의 주요 구성 성분이다. 세계보건기구 (WHO)는 하루 나트륨 섭취량을 약 2g으로 권장하고 있다. 준호는 아침에 단팥빵 한 개와 주스 한 컵을 먹었고, 점심에는 라면 한 그릇과 김밥 한 줄을 먹었다. 준호가 아침과 점심에 섭취한 나트륨 양은 모두 몇 g인지 구하시오.

음식별 나트륨 양

음식	단팥빵 한 개	라면 한 그릇	주스 한 컵	김밥 한 줄
나트륨 양(g)	0.48	0.5	0.035	0.21

답 (   )g

[보기] 1.225 0.21 0.515

아침에 섭취한 나트륨 양

= 0.48 + 0.035

=   (g)

점심에 섭취한 나트륨 양

= 0.5 +

= 0.71 (g)

0.515 + 0.71 =   (g)

4주차

14 일정한 빠르기로 ㉠ 자동차는 30분에 1.75km를 달리고, ㉡ 자동차는 20분에 0.98km를 달린다. 두 자동차가 같은 곳에서 서로 반대 방향으로 동시에 출발하면 한 시간 후에 두 자동차 사이의 거리는 몇 km인지 구하시오.

답 (   )km

[보기] 0.98 6.44 3.5

1시간 = 30분 + 30분

㉠ 자동차가 한 시간 동안

달리는 거리

= 1.75 + 1.75 = ☐ (km)

1시간 = 20분 + 20분 + 20분

㉡ 자동차가 한 시간 동안

달리는 거리

= 0.98 + 0.98 + ☐

= 2.94(km)

서로 반대 방향으로 달리므로

3.5 + 2.94 = ☐ (km)

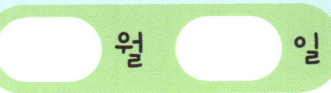
01 설명하는 수를 소수로 나타내시오.

$$10이 3개, 1이 7개, \frac{1}{10}이 5개, \frac{1}{1000}이 2개인 수$$

답 ( )

 [보기] 37.502 0.5 30

10이 3개이면 ▢ ,

1이 7개이면 7,

$\frac{1}{10}$(=0.1)이 5개이면

▢ ,

$\frac{1}{1000}$(=0.001)이 2개이면

0.002이므로

설명하는 수는

▢ 이다.

02

㉠이 나타내는 수는 ㉡이 나타내는 수의 몇 배인지 구하시오.

$$2.646$$
㉠   ㉡

답 (   )배

[보기]

㉠은 소수 첫째 자리

숫자이므로 ▢▢▢ 을 나타내고,

㉡은 소수 셋째 자리

숫자이므로 0.006을

나타낸다.

0.6은 ▢▢▢ 의

100배이므로

㉠이 나타내는 수는

㉡이 나타내는 수의

 배이다.

03 김밥을 만드는 데 쌀을 연서는 2.83kg 사용했고, 미소는 연서보다 1450g 더 적게 사용했다. 연서와 미소가 사용한 쌀은 모두 몇 **kg**인지 구하시오.

답 (   )kg

[보기] 1.45   4.21   1.38

1g = 0.001 kg 이므로

1450g =   kg

미소가 사용한 쌀의 양

= 2.83 - 1.45

=   (kg)

연서와 미소가 사용한

쌀의 양

= 2.83 + 1.38

=   (kg)

04

0부터 9까지의 수 중에서 □ 안에 들어갈 수 있는 수는 모두 몇 개인지 구하시오.

$$5.1\square6 > 5.147$$

답 (   )개

[보기]   1   5   4

자연수 부분은 5,

소수 첫째 자리 수는 ▨ 로

각각 같고

소수 셋째 자리 수가

$6<7$ 이므로

□ 는 ▨ 보다 커야 한다.

□ 안에 들어갈 수

있는 수 :

5, 6, 7, 8, 9 → ▨ 개

05

카드 4장을 한 번씩만 사용하여 1보다 작은 소수 두 자리 수를 만들려고 한다. 만들 수 있는 가장 큰 수와 가장 작은 수의 합은 얼마인지 구하시오.

답 (   )

[보기] 0.48 0.84 1.32

0 < 4 < 8

만들 수 있는 1보다 작은

소수 두 자리 수 중에서

가장 큰 수 :

가장 작은 수 : 0.48

0.84 +   =

06 어떤 수에서 8.57을 빼야 할 것을 잘못하여 더했더니 23.94가 되었다. 바르게 계산 하면 얼마인지 구하시오.

답 (   )

[보기] 23.94 15.37 6.8

어떤 수를 □라 하면

□+8.57 = 23.94

□ = [   ] - 8.57

= 15.37

바르게 계산하면

[   ] - 8.57 = [   ]

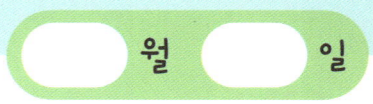
07 어떤 수를 10배 한 수는 1이 2개, 0.1이 17개, 0.01이 25개인 수와 같다. 어떤 수는 얼마인지 구하시오.

답 (   )

[보기] 3.95 0.395 1.7

어떤 수를 10배 한 수는

1이 2개이면 2,

0.1이 17개이면 ⬜,

0.01이 25개이면

0.25 이므로 ⬜ 이다.

어떤 수는 3.95의

$\frac{1}{10}$ 이므로 ⬜ 이다.

08 무게가 똑같은 공 10개가 들어 있는 상자의 무게를 재어 보니 5.02kg이었다. 이 상자에서 공 1개를 꺼낸 후 다시 무게를 재었더니 4.75kg이 되었다. 빈 상자의 무게는 몇 kg인지 구하시오.

답 (   )kg

[보기] 4.75 10 2.32

공 1개의 무게

= 5.02 - ▢

= 0.27 (kg)

공 10개의 무게는

공 1개의 무게인

0.27kg의 ▢ 배이므로

2.7kg 이다.

빈 상자의 무게

= 5.02 - 2.7

= ▢ (kg)

111

09 떨어뜨린 높이의 $\frac{1}{10}$만큼씩 튀어 오르는 공이 있다. 이 공을 35m 높이에서 떨어 뜨렸다면 세 번째로 튀어 오른 공의 높이는 몇 m인지 구하시오.

답 (   )m

[보기]   3.5 $\frac{1}{10}$ 0.035

첫 번째로 튀어 오른 공의

높이는 35m의 $\frac{1}{10}$이므로

▢ m이다.

두 번째로 튀어 오른 공의

높이는 3.5m의 ▢ 이므로

0.35 m이다.

세 번째로 튀어 오른 공의

높이는 0.35m의 $\frac{1}{10}$이므로

▢ m이다.

10 수직선에서 ㉠과 ㉡이 나타내는 수의 합은 얼마인지 구하시오.

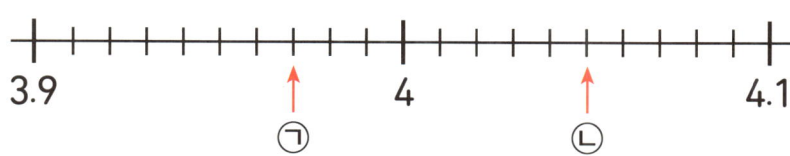

답 (   )

 [보기] 8.02 0.01 3.97

3.9와 4 사이를 10등분

했으므로 작은 눈금 한 칸의

크기는 ⬚ 이다.

㉠은 3.9에서 오른쪽으로

작은 눈금 7칸만큼 더

간 수이므로 ⬚ 이고,

㉡은 4에서 오른쪽으로

작은 눈금 5칸만큼 더

간 수이므로 4.05 이다.

3.97 + 4.05 = ⬚

11 □ 안에 들어갈 수 있는 수 중에서 가장 작은 소수 두 자리 수를 구하시오.

$$4.68 + \boxed{} > 9.52 - 2.37$$

답 (   )

[보기] 2.47   4.68   2.48

9.52 − 2.37 = 7.15 이므로

4.68 + □ > 7.15

4.68 + □ = 7.15일 때

□ = 7.15 −

= 2.47

4.68 + □ 는 7.15 보다

커야 하므로 □ 는

보다 커야 한다.

□ 안에 들어갈 수 있는

가장 작은 소수 두 자리 수:

12 일정한 규칙으로 수를 뛰어 셀 때 ㉠에 알맞은 수는 얼마인지 구하시오.

| 3.74 | | | 7.34 | | ㉠ |

답 (   )

[보기]   1.2   9.74   3.6

$7.34 - 3.74 = $ ▢

3.74 에서 3번 뛰어 세어

3.6이 커졌고,

$3.6 = 1.2 + 1.2 + 1.2$ 이므로

1.2씩 뛰어 센 것이다.

㉠은 7.34 에서 ▢ 씩

2번 뛰어 센 수이므로

$7.34 + 1.2 + 1.2$

$= $ ▢ 이다.

13 해수면은 바다의 평균적인 표면을 의미한다. 지구 온난화로 바닷물이 따뜻해지면서 물의 부피가 팽창하고 극지방의 거대한 빙하가 녹아 해수면이 꾸준히 높아지고 있다. ㉠, ㉡, ㉢, ㉣ 네 지역의 1년 동안 높아진 해수면 높이를 조사하였더니 ㉠ 지역은 2.01mm였다. ㉡ 지역은 ㉠ 지역보다 0.6mm만큼 더 높고, ㉢ 지역은 ㉡ 지역보다 0.8mm만큼 더 낮고, ㉢ 지역은 ㉣ 지역보다 0.58mm만큼 더 낮았다. ㉣ 지역의 1년 동안 높아진 해수면 높이는 몇 mm인지 구하시오.

답 (   )mm

[보기] 0.6   2.39   2.61

각 지역의 1년 동안 높아진

해수면 높이를 구하면

㉡ 지역

$= 2.01 + \boxed{} = 2.61 \, (mm)$

㉢ 지역

$= \boxed{} - 0.8 = 1.81 \, (mm)$

㉣ 지역

$= 1.81 + 0.58 = \boxed{} \, (mm)$

116

14 일정한 빠르기로 ㉠ 버스는 20분에 0.86km를 달리고, ㉡ 버스는 30분에 1.49km를 달린다. 두 버스가 같은 곳에서 서로 반대 방향으로 동시에 출발하면 한 시간 후에 두 버스 사이의 거리는 몇 km인지 구하시오.

답 (   )km

 [보기] 5.56   1.49   2.58

1시간 = 20분 + 20분 + 20분

㉠ 버스가 한 시간 동안

달리는 거리

= 0.86 + 0.86 + 0.86

= ____ (km)

1시간 = 30분 + 30분

㉡ 버스가 한 시간 동안

달리는 거리

= 1.49 + ____ = 2.98 (km)

서로 반대 방향으로 달리므로

2.58 + 2.98 = ____ (km)

월　　　일

01

㉠이 나타내는 소수를 구하시오.

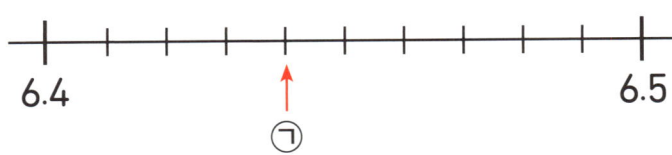

답 (　　　　　　　)

[보기]　0.01　10　6.44

6.4와 6.5 사이를 ▨▨▨ 등분
했으므로 작은 눈금 한 칸의
크기는 ▨▨▨ 이다.
㉠은 6.4에서 오른쪽으로
작은 눈금 4칸만큼 더
간 수이므로 ▨▨▨ 이다.

02 0부터 9까지의 수 중에서 □ 안에 들어갈 수 있는 수는 모두 몇 개인지 구하시오.

$$3.74 + 3.95 > 7.\boxed{}8$$

답 (   )개

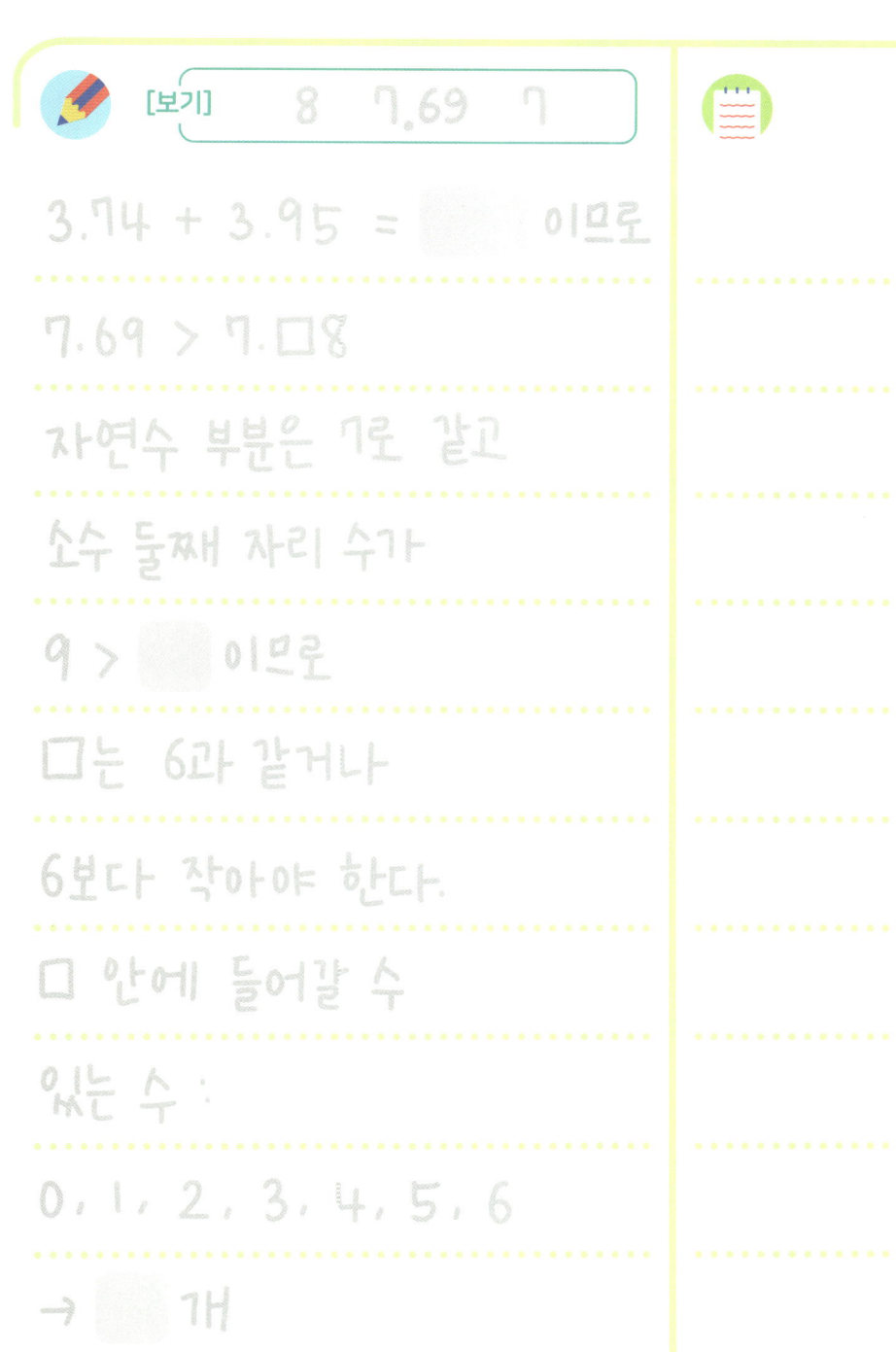

[보기]   8   7.69   7

3.74 + 3.95 = ⬜ 이므로

7.69 > 7.□8

자연수 부분은 7로 같고

소수 둘째 자리 수가

9 > ⬜ 이므로

□는 6과 같거나

6보다 작아야 한다.

□ 안에 들어갈 수

있는 수 :

0, 1, 2, 3, 4, 5, 6

→ ⬜ 개

03 카드 4장을 한 번씩 사용하여 소수 두 자리 수를 만들려고 한다. 만들 수 있는 가장 큰 수와 가장 작은 수의 차는 얼마인지 구하시오.

답 (   )

 [보기] 2.69   6.93   9.62

2 < 6 < 9

만들 수 있는

소수 두 자리 수 중에서

가장 큰 수 :

가장 작은 수 :

9.62 − 2.69 =

---

04 들이가 6.8L인 수조에 물이 3.46L 들어 있었다. 그중에서 1.59L의 물을 사용했을 때, 이 수조를 가득 채우려면 물을 몇 L 더 부어야 하는지 구하시오.

답 (   )L

5주차

[보기]   1.87   4.93   6.8

사용하고 남은 물의 양

= 3.46 - 1.59

= ☐☐☐ (L)

수조를 가득 채우려면

더 부어야 하는 물의 양

= ☐☐☐ - 1.87

= ☐☐☐ (L)

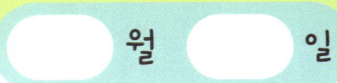

05 ㉠에서 ㉤까지의 거리는 몇 km인지 구하시오.

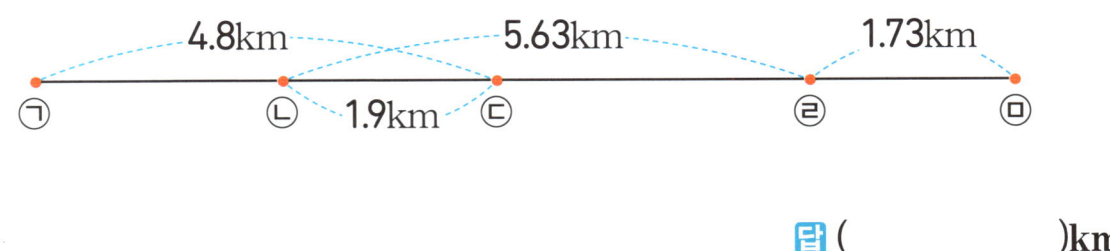

답 (   )km

[보기] 1.9   10.43   10.26

㉠에서 ㉣까지의 거리

= 4.8 + 5.63 − ⬚⬚⬚

= ⬚⬚⬚⬚ − 1.9

= 8.53 (km)

㉠에서 ㉤까지의 거리

= 8.53 + 1.73

= ⬚⬚⬚⬚ (km)

월 일

06 어떤 수에 4.6을 더해야 할 것을 잘못하여 뺐더니 3.58이 되었다. 바르게 계산한
결과와 잘못 계산한 결과의 차는 얼마인지 구하시오.

5주차

답 ( )

 [보기] 8.18 9.2 3.58

어떤 수를 □라 하면

□ - 4.6 = 3.58

□ = 3.58 + 4.6

    =

바르게 계산하면

8.18 + 4.6 = 12.78

바르게 계산한 결과와

잘못 계산한 결과의 차

= 12.78 -

=

07 똑같은 무게의 우유 100병이 들어 있는 상자의 무게를 재었더니 7.3kg이었다. 이 상자에서 우유 10병을 빼낸 후 다시 무게를 재었더니 6.85kg이었다. 빈 상자의 무게는 몇 kg인지 구하시오.

답 (   )kg

[보기] 4.5   0.45   2.8

우유 10병의 무게

= 7.3 - 6.85

=   (kg)

우유 100병의 무게는

우유 10병의 무게인

0.45kg의 10배이므로

            kg이다.

빈 상자의 무게

= 7.3 - 4.5

=   (kg)

124

월 일

08 □ 안에 들어갈 수 있는 소수 한 자리 수는 모두 몇 개인지 구하시오.

$$9.57 - 4.97 < \square < 1.88 + 3.06$$

답 ( )개

5주차

[보기] 3 4.7 4.94

9.57 − 4.97 = 4.6,

1.88 + 3.06 = [   ]이므로

4.6 < □ < 4.94

□ 안에 들어갈 수 있는

소수 한 자리 수는

4.6보다 크고

4.94보다 작은 수이므로

[   ], 4.8, 4.9로

모두 [   ]개이다.

4 사각형

이번 단원에서 학습할 내용!

⭐ 수직과 평행
⭐ 평행선 사이의 거리
⭐ 사다리꼴
⭐ 평행사변형
⭐ 마름모
⭐ 여러 가지 사각형

01 직선 가와 직선 나는 서로 수직이다. ㉠의 각도를 구하시오.

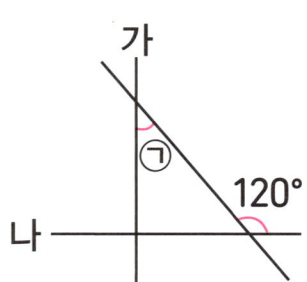

답 (   )°

[보기] 30 90 180

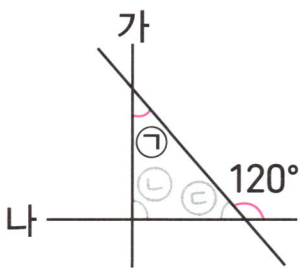

직선 가와 직선 나는 서로

수직이므로

㉡ =   °

㉢ = 180° − 120° = 60°

삼각형의 세 각의 크기의

합은   °이므로

㉠ = 180° − 90° − 60° =   °

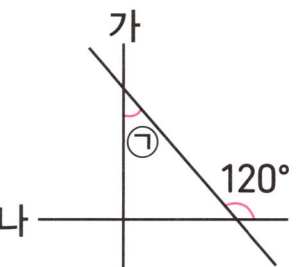

128

정답 42 쪽

02 도형에서 변 ㄱㄹ과 변 ㄴㄷ은 서로 평행하다. 평행선 사이의 거리는 몇 cm인지 구하시오.

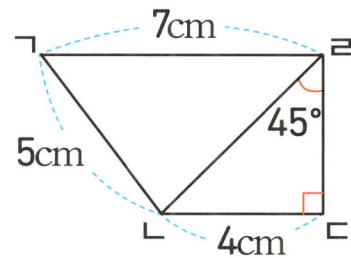

답 (   )cm

[보기]   ㄹㄷ   ㄴㄷ   4

평행선 사이의 거리는

변 ⬜의 길이와 같다.

삼각형 ㄹㄴㄷ에서

(각 ㄹㄴㄷ)

$=180°-45°-90°=45°$

삼각형 ㄹㄴㄷ은

이등변삼각형이므로

(변 ㄹㄷ) = (변 ⬜) = 4 cm

평행선 사이의 거리 : ⬜ cm

03 사다리꼴 ㄱㄴㄷㄹ 안에 변 ㄱㄴ과 평행한 선분 ㄹㅁ을 그었다. 선분 ㅁㄷ의 길이는 몇 cm인지 구하시오.

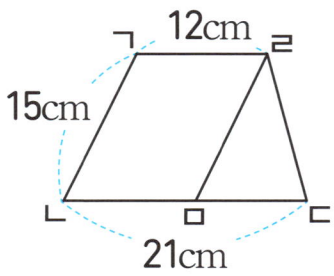

답 (   )cm

[보기]   12   21   9

사각형 ㄱㄴㅁㄹ은 마주 보는

두 쌍의 변이 서로 평행하므로

평행사변형이다.

평행사변형은 마주 보는

두 변의 길이가 같으므로

(선분 ㄴㅁ) = (변 ㄱㄹ) = ☐ cm

(선분 ㅁㄷ) = ☐ - 12 = ☐ (cm)

정답 42~43 쪽

월   일

04 마름모 ㄱㄴㄷㄹ에서 변 ㄴㄷ을 길게 늘였다. ㉠의 각도를 구하시오.

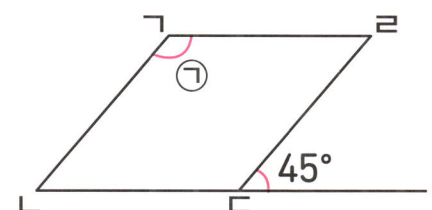

답 (   )°

[보기]   45   135

(각 ㄴㄷㄹ)

= 180° - [   ]° = 135°

마름모는 마주 보는

두 각의 크기가 같으므로

㉠ = (각 ㄴㄷㄹ) = [   ]°

05 직선 ㄱㄴ과 직선 ㄷㄹ은 서로 수직이다. 각 ㄷㄹㄱ을 크기가 같은 각 3개로 나누었을 때, 각 ㅁㄹㄴ의 크기를 구하시오.

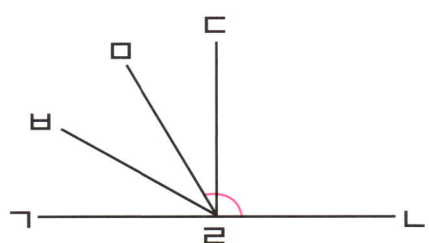

답 (   )°

[보기] 120 90 3

직선 ㄱㄴ과 직선 ㄷㄹ은 서로

수직이므로

(각 ㄷㄹㄱ) = 90°

(각 ㅁㄹㄷ) = 90° ÷ ☐ = 30°

(각 ㅁㄹㄴ)

= 30° + ☐° = ☐°

월 일

06 세 변의 길이의 합이 33cm인 이등변삼각형과 평행사변형을 겹치지 않게 이어 붙여 만든 사다리꼴이다. 굵은 선의 길이는 몇 cm인지 구하시오.

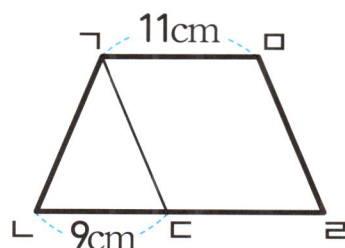

답 (   )cm

5주차

 [보기] 55 2 12

이등변삼각형 ㄱㄴㄷ에서

(변 ㄱㄴ) + (변 ㄱㄷ)

= 33 - 9 = 24 (cm)

(변 ㄱㄴ) = (변 ㄱㄷ) = 24 ÷ ▨

= 12 (cm)

평행사변형은 마주 보는

두 변의 길이가 같으므로

(변 ㄷㄹ) = (변 ㄱㅁ) = 11 cm

(변 ㅁㄹ) = (변 ㄱㄷ) = ▨ cm

12 + 9 + 11 + 12 + 11 = ▨ (cm)

07 직선 가와 직선 나는 서로 수직이다. ㉠과 ㉡의 각도의 합을 구하시오.

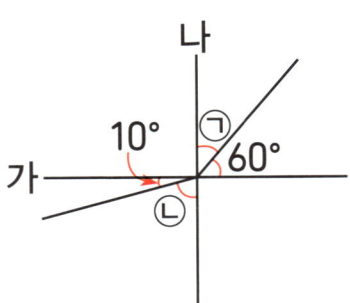

답 (   )°

 [보기]   110   90   10

직선 가와 직선 나가 만나서

이루는 각도는 90° 이므로

㉠ =   ° − 60° = 30°

㉡ = 90° −   ° = 80°

㉠ + ㉡ = 30° + 80° =   °

08 직선 가와 직선 나는 서로 평행하다. ㉠의 각도를 구하시오.

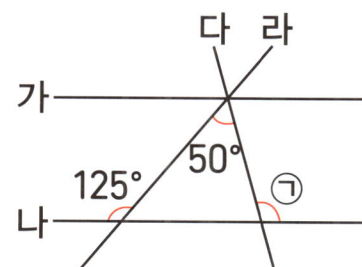

답 (   )°

[보기]   55   105   125

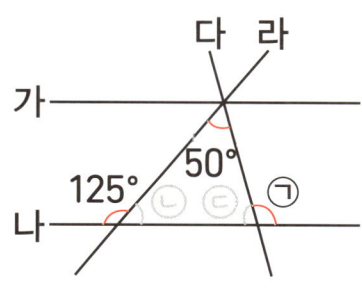

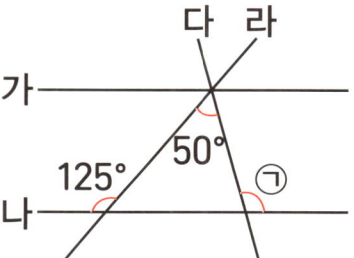

ㄴ = 180° − ☐ ° = 55°

삼각형 세 각의 크기의

합은 180° 이므로

ㄷ = 180° − 50° − ☐ ° = 75°

㉠ = 180° − 75° = ☐ °

09 직사각형 ㄱㄴㄷㄹ에서 각 ㄴㄹㅁ의 크기는 몇 도인지 구하시오.

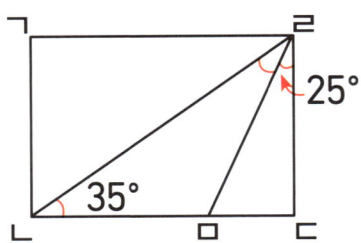

답 (   )°

[보기]　　30　55　90

직사각형은 네 각이 모두

직각이므로

(각 ㄴㄷㄹ)=90°

삼각형 ㄹㄴㄷ에서

(각 ㄴㄹㄷ)

=180°-35°-   °=55°

(각 ㄴㄹㅁ)

=   °-25°=   °

정답 44 쪽

월   일

10 평행사변형 ㄱㄴㄷㄹ에서 각 ㄱㄴㅁ과 각 ㄷㄴㅁ의 크기가 같을 때, 각 ㄴㅁㄹ의
크기를 구하시오.

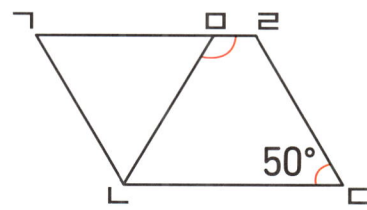

답 (   )°

[보기]   50   130   115

평행사변형은 이웃한 두 각의

크기의 합이 180°이므로

(각 ㄱㄹㄷ)=(각 ㄱㄴㄷ)=

180°－ ▨ °=130°

(각 ㄱㄴㅁ)=(각 ㄷㄴㅁ)=

▨ °÷2=65°

사각형 ㅁㄴㄷㄹ에서

(각 ㄴㅁㄹ)

=360°－65°－50°－130°

= ▨ °

11 직선 가와 직선 나는 서로 평행하다. 각 ㄱㄴㄷ의 크기를 구하시오.

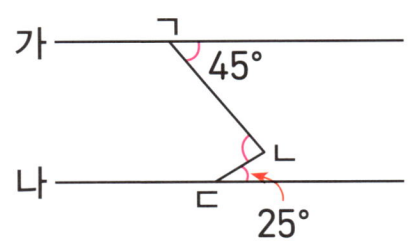

답 (   )°

[보기] 70   155   90

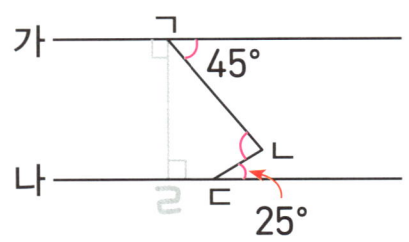

평행선 사이에 점 ㄴ을

지나는 수선을 그으면

(각 ㄴㄱㄹ)= ⬚ °−45°=45°

(각 ㄴㄷㄹ)=180°−25°=155°

사각형 ㄱㄹㄷㄴ에서

(각 ㄱㄴㄷ)

=360°−45°−90°− ⬚ °

= ⬚ °

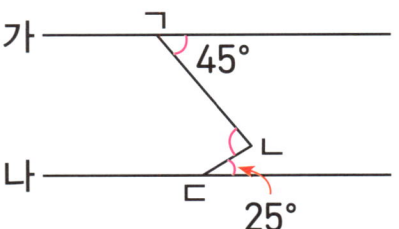

12 마름모 ㄱㄴㄷㄹ과 정삼각형 ㄹㄷㅁ을 겹치지 않게 이어 붙인 다음 선분 ㄱㅁ을 그은 것이다. 각 ㄹㄱㅁ의 크기를 구하시오.

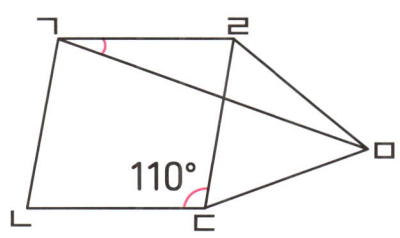

답 (   )°

[보기]   110   25   130

마름모 ㄱㄴㄷㄹ 에서

(각 ㄱㄹㄷ) = 180° − ▨° = 70°

정삼각형 ㄹㄷㅁ 에서

(각 ㄷㄹㅁ) = 60°

(각 ㄱㄹㅁ) = 70° + 60° = 130°

(변 ㄹㄱ) = (변 ㄹㄷ) = (변 ㄹㅁ) 이므로

삼각형 ㄹㄱㅁ은 이등변삼각형이다.

(각 ㄹㄱㅁ) + (각 ㄹㅁㄱ)

= 180° − ▨° = 50°

(각 ㄹㄱㅁ) = 50° ÷ 2 = ▨°

13 다음은 평행사변형 모양의 종이를 선분 ㅂㅅ으로 접은 것이다. 각 ㄱㅂㅈ의 크기를 구하시오.

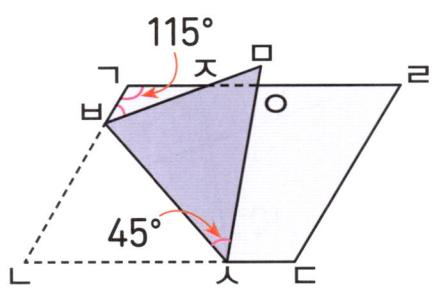

답 (   )°

 [보기]   45   40   115

평행사변형 ㄱㄴㄷㄹ에서

(각 ㄱㄴㄷ) = 180° -   ° = 65°

접은 각과 접힌 각은 같으므로

(각 ㄴㅅㅂ) = (각 ㅁㅅㅂ) =   °

삼각형 ㄴㅂㅅ에서

(각 ㄴㅂㅅ)

= 180° - 65° - 45° = 70°

(각 ㅁㅂㅅ) = (각 ㄴㅂㅅ) = 70°

(각 ㄱㅂㅈ)

= 180° - 70° - 70° =   °

14 사각형 ㄱㄴㄷㄹ과 사각형 ㄹㅁㅂㅅ은 마름모이고, 사각형 ㅁㄷㅇㅂ은 평행사변형이다. 마름모 ㄱㄴㄷㄹ의 네 변의 길이의 합이 60cm일 때, 평행사변형 ㅁㄷㅇㅂ의 네 변의 길이의 합은 몇 cm인지 구하시오.

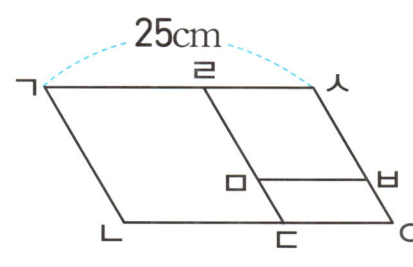

답 (   )cm

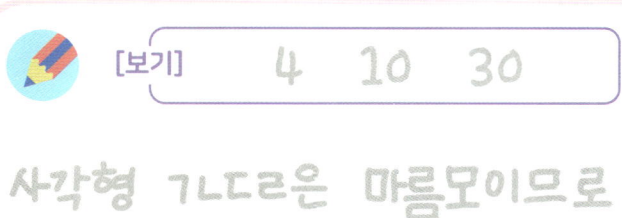

사각형 ㄱㄴㄷㄹ은 마름모이므로

(한 변) = 60 ÷ ▢ = 15 (cm)

(변 ㄹㅅ) = 25 - 15 = 10 (cm)

사각형 ㄹㅁㅂㅅ은 마름모이므로

(변 ㄹㅁ) = (변 ㅁㅂ) = (변 ㄹㅅ)

= 10 cm

(변 ㅁㄷ) = 15 - ▢ = 5 (cm)

평행사변형 ㅁㄷㅇㅂ의

네 변의 길이의 합

= 5 + 10 + 5 + 10 = ▢ (cm)

141

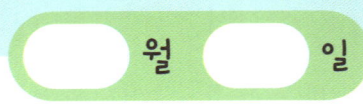

01 선분 ㄴㅁ과 선분 ㄷㅁ은 서로 수직이다. 각 ㄷㅁㄹ의 크기를 구하시오.

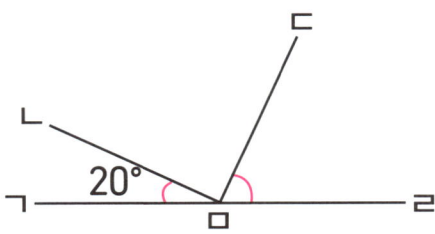

답 ( )°

 [보기]   70   90

선분 ㄴㅁ과 선분 ㄷㅁ은 서로
수직이므로
(각 ㄴㅁㄷ) = ⬜°
(각 ㄷㅁㄹ)
= 180° - 20° - 90° = ⬜°

142

02 도형에서 변 ㄱㄹ과 변 ㄴㄷ은 서로 평행하다. 평행선 사이의 거리는 몇 cm인지 구하시오.

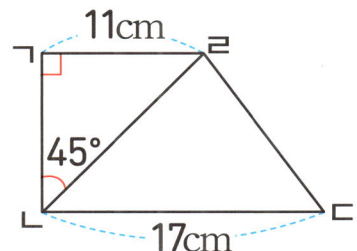

답 (   )cm

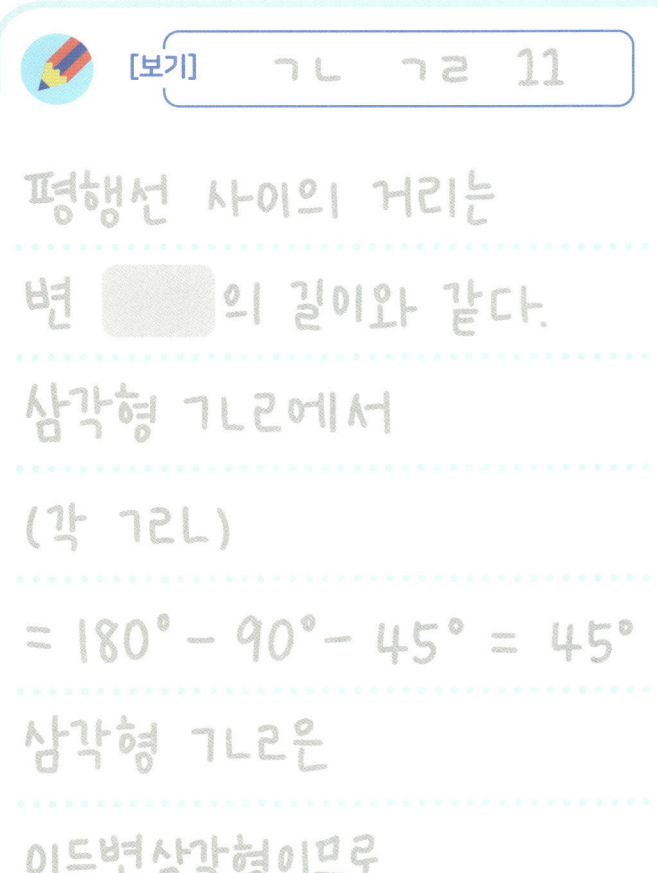

[보기]   ㄱㄴ   ㄱㄹ   11

평행선 사이의 거리는

변 ▢의 길이와 같다.

삼각형 ㄱㄴㄹ에서

(각 ㄱㄹㄴ)

= 180° − 90° − 45° = 45°

삼각형 ㄱㄴㄹ은

이등변삼각형이므로

(변 ㄱㄴ) = (변 ▢) = 11 cm

평행선 사이의 거리 : ▢ cm

03 사각형 ㄱㄴㄷㄹ은 평행사변형이다. ㉠의 각도를 구하시오.

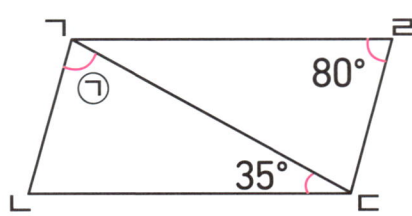

답 ( )°

[보기] 65 80 180

평행사변형은 마주 보는

두 각의 크기가 같으므로

(각 ㄱㄴㄷ) = (각 ㄱㄹㄷ) = ▢°

삼각형 ㄱㄴㄷ에서

㉠ = ▢° - 80° - 35° = ▢°

월　　　일

04 다음 정삼각형의 세 변의 길이의 합과 마름모의 네 변의 길이의 합이 같다. 마름모의
한 변은 몇 cm인지 구하시오.

　　12cm　　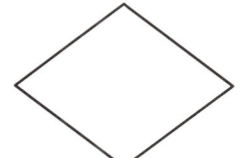

답 (　　　　　)cm

6주차

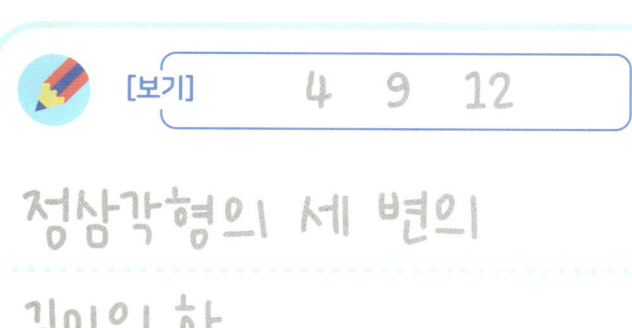

[보기]　　　4　9　12

정삼각형의 세 변의

길이의 합

= 12 + 12 + [　] = 36 (cm)

마름모의 한 변

= 36 ÷ [　] = [　] (cm)

05 직선 ㄱㄴ과 직선 ㄷㄹ은 서로 수직이다. 각 ㄷㄹㄴ을 크기가 같은 각 5개로 나누었을 때, 각 ㅁㄹㄱ의 크기를 구하시오.

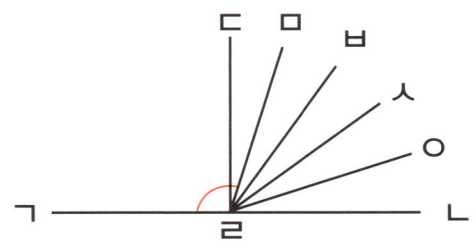

답 ( )°

[보기]   108   18   5

직선 ㄱㄴ과 직선 ㄷㄹ은 서로

수직이므로

(각 ㄷㄹㄴ) = 90°

(각 ㄷㄹㅁ) = 90° ÷ ☐ = 18°

(각 ㅁㄹㄱ)

= ☐° + 90° = ☐°

06 평행사변형과 세 변의 길이의 합이 48cm인 이등변삼각형을 겹치지 않게 이어 붙여 만든 사다리꼴이다. 굵은 선의 길이는 몇 cm인지 구하시오.

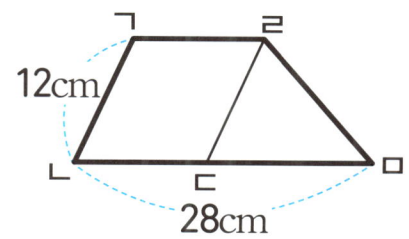

답 (   )cm

6주차

 [보기]   12   18   68

평행사변형은 마주 보는

두 변의 길이가 같으므로

(변 ㄹㄷ) = (변 ㄱㄴ) = 12 cm

이등변삼각형 ㅁㄹㄷ에서

(변 ㅁㄹ) + (변 ㅁㄷ)

= 48 -   = 36 (cm)

(변 ㅁㄹ) = (변 ㅁㄷ) = 36 ÷ 2

= 18 (cm)

(변 ㄴㄷ) = 28 -   = 10 (cm)

(변 ㄱㄹ) = (변 ㄴㄷ) = 10 cm

12 + 28 + 18 + 10 =   (cm)

07 직선 가와 직선 나는 서로 수직이다. ㉠과 ㉡의 각도의 합을 구하시오.

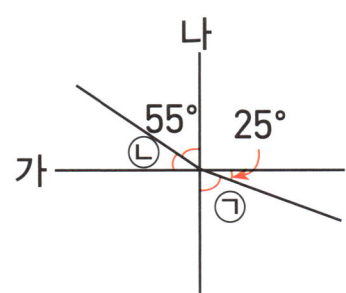

답 (   )°

[보기]　　25　90　100

직선 가와 직선 나가 만나서

이루는 각도는 90°이므로

㉠ = 90° - ☐° = 65°

㉡ = ☐° - 55° = 35°

㉠ + ㉡ = 65° + 35° = ☐°

08 직선 가와 직선 나는 서로 평행하다. ㉠의 각도를 구하시오.

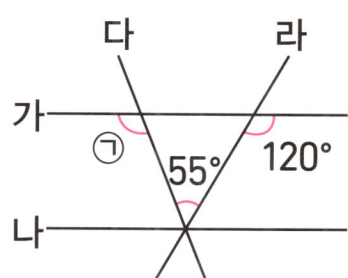

답 (   )°

  [보기]   115   180   120

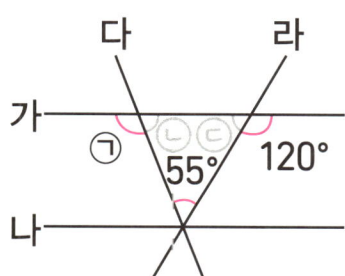

㉢ = 180° -〔   〕° = 60°

삼각형 세 각의 크기의

합은〔   〕°이므로

㉡ = 180° - 55° - 60° = 65°

㉠ = 180° - 65° =〔   〕°

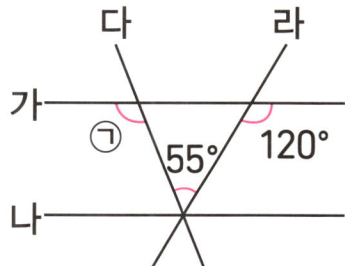

09 직사각형 ㄱㄴㄷㄹ에서 각 ㄷㄱㅁ의 크기는 몇 도인지 구하시오.

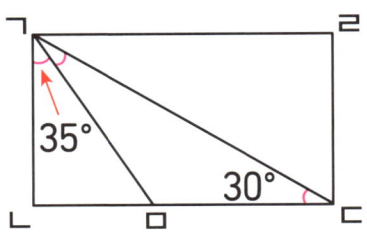

답 ( )°

[보기] 25 60 90

직사각형은 네 각이 모두

직각이므로

(각 ㄱㄴㄷ) = 90°

삼각형 ㄱㄴㄷ에서

(각 ㄷㄱㄴ)

= 180° − ☐° − 30° = 60°

(각 ㄷㄱㅁ)

= ☐° − 35° = ☐°

10 평행사변형 ㄱㄴㄷㄹ에서 각 ㄴㄷㅁ과 각 ㄹㄷㅁ의 크기가 같을 때, 각 ㄱㅁㄷ의 크기를 구하시오.

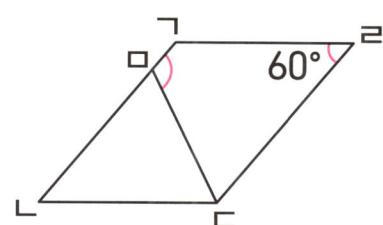

답 (   )°

[보기]   120   60   180

평행사변형은 이웃한 두 각의

크기의 합이 180°이므로

(각 ㄴㄱㄹ) = (각 ㄴㄷㄹ) =

⬚° - 60° = 120°

(각 ㄴㄷㅁ) = (각 ㄹㄷㅁ) =

120° ÷ 2 = 60°

사각형 ㄱㅁㄷㄹ에서

(각 ㄱㅁㄷ)

= 360° - 120° - ⬚° - 60°

= ⬚°

11 직선 가와 직선 나는 서로 평행하다. 각 ㄱㄴㄷ의 크기를 구하시오.

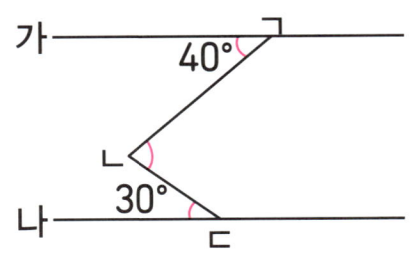

답 (　　　)°

[보기]   70   90   150

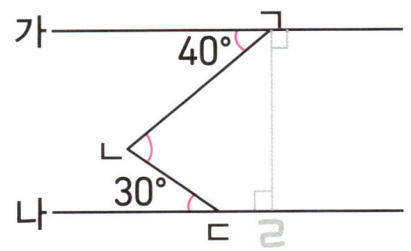

평행선 사이에 점 ㄱ을

지나는 수선을 그으면

(각 ㄴㄱㄹ) = ▨°- 40° = 50°

(각 ㄴㄷㄹ) = 180° - 30° = 150°

사각형 ㄱㄴㄷㄹ에서

(각 ㄱㄴㄷ)

= 360° - 50° - ▨° - 90°

= ▨°

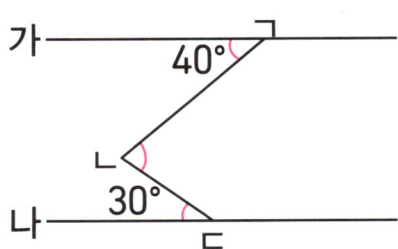

12 마름모 ㄱㄴㄷㄹ과 정사각형 ㄱㄹㅁㅂ을 겹치지 않게 이어 붙인 다음 선분 ㄴㅂ을 그은 것이다. 각 ㄱㄴㅂ의 크기를 구하시오.

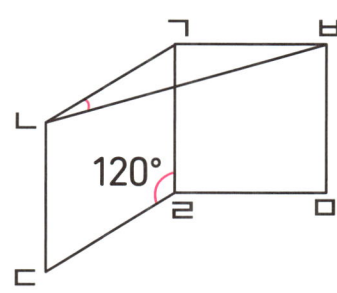

답 (   )°

 [보기]   15   90   120

마름모 ㄱㄴㄷㄹ에서

(각 ㄴㄱㄹ) = 180° -   ° = 60°

정사각형 ㄱㄹㅁㅂ에서

(각 ㄹㄱㅂ) = 90°

(각 ㄴㄱㅂ) = 60° +   ° = 150°

(변 ㄱㄴ) = (변 ㄱㄹ) = (변 ㄱㅂ)이므로

삼각형 ㄱㄴㅂ은 이등변삼각형이다.

(각 ㄱㄴㅂ) + (각 ㄱㅂㄴ)

= 180° - 150° = 30°

(각 ㄱㄴㅂ) = 30° ÷ 2 =   °

13 다음은 마름모 모양의 종이를 선분 ㅂㄹ로 접은 것이다. 각 ㄴㅂㅁ의 크기를 구하시오.

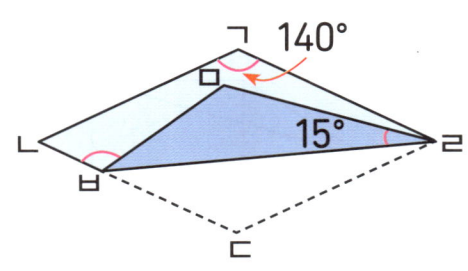

답 ( )°

 [보기] 130 140 25

마름모 ㄱㄴㄷㄹ에서

(각 ㄴㄷㄹ) = (각 ㄴㄱㄹ) =   °

접은 각과 접힌 각은 같으므로

(각 ㄷㄹㅂ) = (각 ㅁㄹㅂ) = 15°

삼각형 ㄷㅂㄹ에서

(각 ㄷㅂㄹ)

= 180° - 140° - 15° = 25°

(각 ㅁㅂㄹ) = (각 ㄷㅂㄹ) =   °

(각 ㄴㅂㅁ)

= 180° - 25° - 25° =   °

14 사각형 ㄱㄴㄷㄹ은 마름모이고, 사각형 ㄹㅁㅂㅅ과 사각형 ㅁㄷㅇㅂ은 평행사변형이다. 마름모 ㄱㄴㄷㄹ의 네 변의 길이의 합이 72cm일 때, 평행사변형 ㄹㅁㅂㅅ의 네 변의 길이의 합은 몇 cm인지 구하시오.

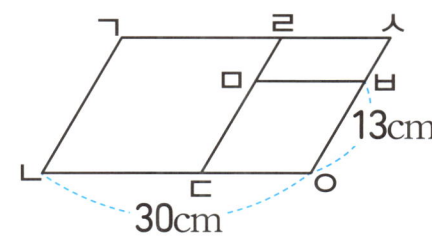

답 (   )cm

 [보기]   4   13   34

사각형 ㄱㄴㄷㄹ은 마름모이므로

(한 변) = 72 ÷ [   ] = 18(cm)

(변 ㄷㅇ) = 30 - 18 = 12(cm)

사각형 ㅁㄷㅇㅂ은 평행사변형이므로

(변 ㅁㅂ) = (변 ㄷㅇ) = 12cm

(변 ㅁㄷ) = (변 ㅂㅇ) = 13cm

(변 ㄹㅁ) = 18 - [   ] = 5(cm)

평행사변형 ㄹㅁㅂㅅ의

네 변의 길이의 합

= 5 + 12 + 5 + 12 = [   ](cm)

01 직선 다는 직선 가에 대한 수선이다. ㉠의 각도를 구하시오.

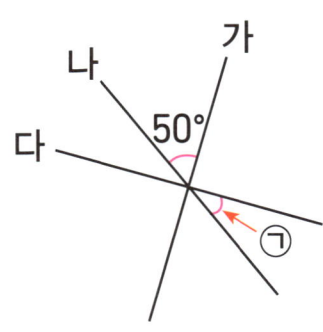

답 ( )°

[보기]   40   50   90

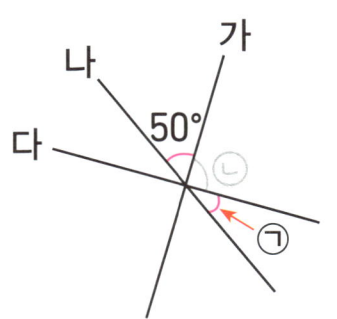

직선 다는 직선 가에 대한

수선이므로

㉡ = [ ]°

㉠ = 180° − [ ]° − 90°

= [ ]°

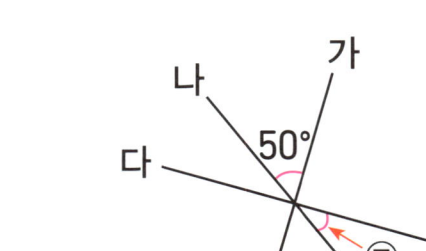

02 평행사변형의 네 변의 길이의 합은 34cm이다. ☐ 안에 알맞은 수를 구하시오.

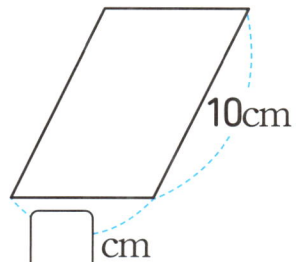

10cm

☐cm

답 (   )

6주차

 [보기]   20   10   7

평행사변형은 마주 보는

두 변의 길이가 같으므로

☐+10+☐+ ▨ =34

☐+☐+20=34

☐+☐=34− ▨

     =14

☐=14÷2= ▨

157

03 다음은 크기가 같은 정삼각형을 겹치지 않게 이어 붙여 만든 도형이다. 도형에서 찾을 수 있는 크고 작은 마름모는 모두 몇 개인지 구하시오.

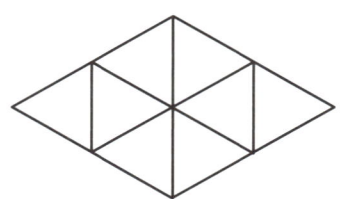

답 (   )개

 [보기]      ⑦   ⑧   9

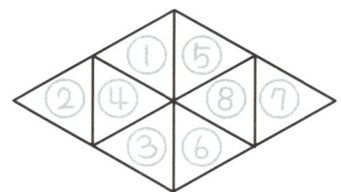

작은 정삼각형 2개짜리 :

①+④, ②+④, ③+④,

⑤+⑧, ⑥+⑧, [ ]+⑧,

①+⑤, ③+⑥ → 8개

작은 정삼각형 8개짜리 :

①+②+③+④+⑤+⑥+⑦+[ ]

→1개

8+1= [ ] (개)

04 사각형 ㄱㄴㄷㄹ은 평행사변형이다. 각 ㄴㄱㄷ의 크기를 구하시오.

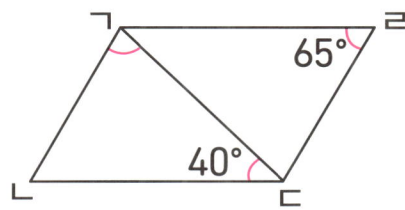

답 (   )°

6주차

 [보기]   65   180   75

평행사변형은 마주 보는

두 각의 크기가 같으므로

(각 ㄱㄴㄷ) = (각 ㄱㄹㄷ) =   °

삼각형 ㄱㄴㄷ에서

(각 ㄴㄱㄷ)

=   ° - 65° - 40° =   °

05 직선 가와 직선 나는 서로 평행하다. ㉠의 각도를 구하시오.

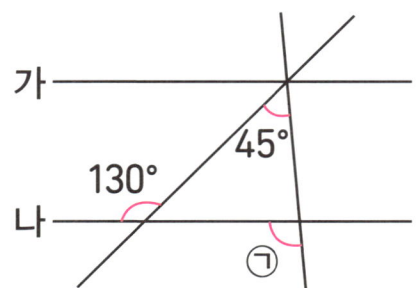

답 (   )°

 [보기]   85   95   130

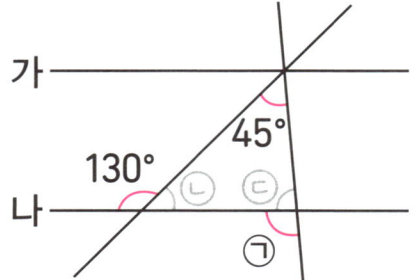

㉡＝180°－ ▨▨ °＝50°

삼각형의 세 각의 크기의

합은 180°이므로

㉢＝180°－45°－50°＝85°

㉠＝180°－ ▨▨ °＝ ▨▨ °

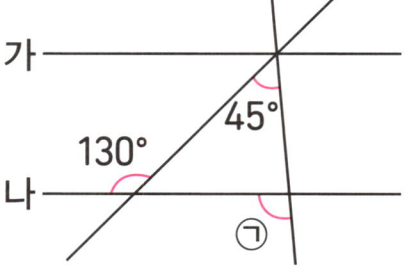

06 직선 가와 직선 나는 서로 평행하다. 각 ㄱㄴㄷ의 크기를 구하시오.

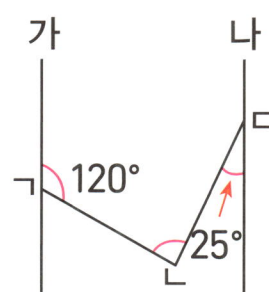

답 (   )°

[보기]   85   90   360

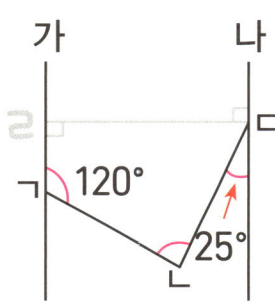

평행선 사이에 점 ㄷ을

지나는 수선을 그으면

(각 ㄴㄷㄹ) =   ° − 25° = 65°

사각형 ㄱㄴㄷㄹ에서

(각 ㄱㄴㄷ)

=   ° − 120° − 65° − 90°

=   °

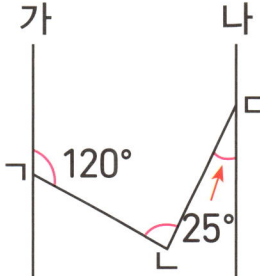

161

07 다음은 평행사변형 모양의 종이를 선분 ㄴㄹ로 접은 것이다. 각 ㄱㄴㅂ의 크기를 구하시오.

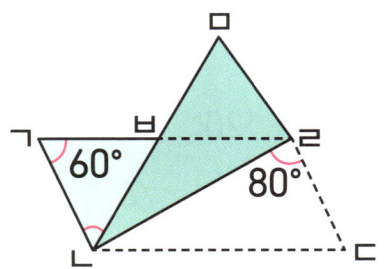

답 (   )°

 [보기]   40   60   120

평행사변형 ㄱㄴㄷㄹ에서

(각 ㄱㄹㄷ) = 180° - ◻° = 120°

(각 ㄴㄷㄹ) = (각 ㄴㄱㄹ) = 60°

삼각형 ㄹㄴㄷ에서

(각 ㄹㄴㄷ)

= 180° - 80° - 60° = 40°

(각 ㄹㄴㅁ) = (각 ㄹㄴㄷ) = 40°

(각 ㄱㄴㄷ) = (각 ㄱㄹㄷ) = 120°

(각 ㄱㄴㅂ)

= ◻° - 40° - 40° = ◻°

월 일

08 모양과 크기가 같고 네 변의 길이의 합이 54cm인 평행사변형 2개를 겹치지 않게 이어 붙여서 만든 마름모이다. 마름모의 네 변의 길이의 합은 몇 cm인지 구하시오.

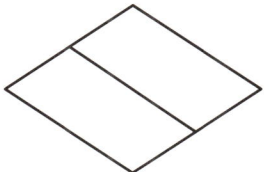

답 ( )cm

6주차

[보기]   6   18   72

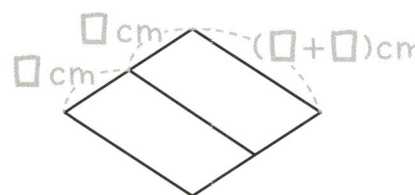 □cm ─── (□+□)cm
□cm ───

평행사변형의 짧은 변을

□cm라 하면

긴 변은 (□+□)cm이다.

□+(□+□)+□+(□+□)=54

□×◻=54

□=54÷6=9

만든 마름모의 한 변은

9+9=18 (cm)이므로

◻+18+18+18=◻ (cm)

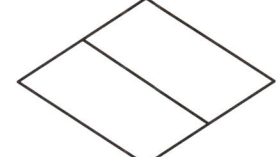

163

5 꺾은선그래프

이번 단원에서 학습할 내용!

⭐ 꺾은선그래프

⭐ 꺾은선그래프로 나타내기

⭐ 꺾은선그래프로 해석하기

⭐ 두 꺾은선그래프 비교하기

01 어느 미술관의 요일별 관람객 수를 조사하여 나타낸 꺾은선그래프이다. 월요일부터 금요일까지 관람객 수의 합이 600명일 때, 화요일의 관람객 수는 몇 명인지 구하시오.

요일별 관람객 수

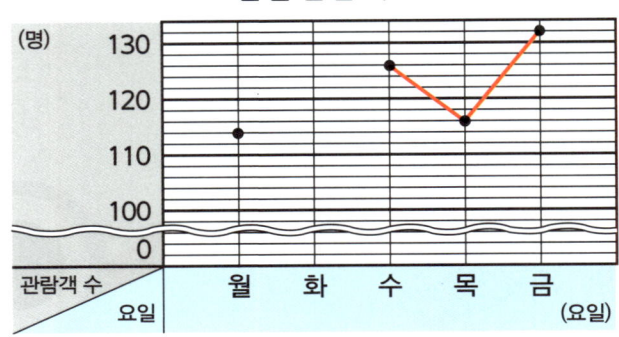

답 ( )명

[보기]   112   126   132

월요일 : 114명

수요일 : 명

목요일 : 116명

금요일 : 132명

화요일의 관람객 수

= 600 - 114 - 126 - 116 -

= (명)

02 어느 날 시각별 기온과 음료수 판매량을 조사하여 나타낸 꺾은선그래프이다. 기온 변화가 가장 컸을 때, 음료수 판매량은 몇 잔 늘었는지 구하시오.

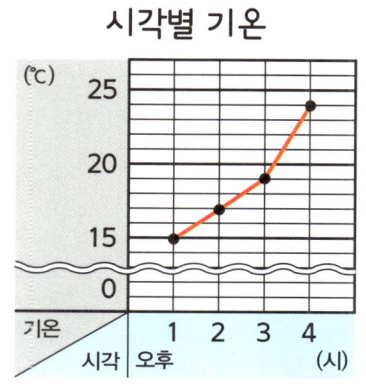

시각별 기온

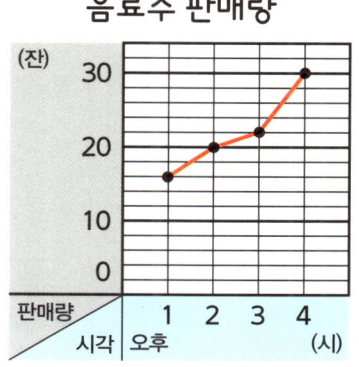

음료수 판매량

답 (   )잔

 [보기]   3   8   22

시각별 기온을 나타낸

꺾은선그래프에서 선분이

가장 많이 기울어진 때는

오후 ⬜시와 오후 4시 사이이다.

음료수 판매량은

오후 3시에 ⬜잔,

오후 4시에 30잔이므로

30 - 22 = ⬜ (잔) 늘었다.

167

03 연서와 친구들의 요일별 팔굽혀펴기 횟수를 조사하여 나타낸 꺾은선그래프이다. 월요일
과 수요일의 팔굽혀펴기 횟수의 차가 가장 큰 사람의 횟수의 차는 몇 회인지 구하시오.

연서의 팔굽혀펴기 횟수

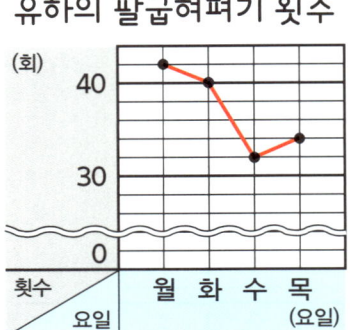

유하의 팔굽혀펴기 횟수

예지의 팔굽혀펴기 횟수

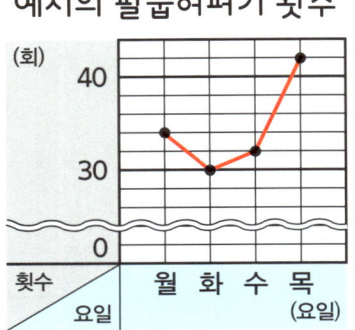

답 (　　　　)회

 [보기]　　10　32　42

월요일과 수요일의 팔굽혀펴기

횟수의 차를 각각 구하면

연서 : 34 - 30 = 4(회),

유하 : 　　　 - 32 = 10(회),

예지 : 34 - 　　　 = 2(회)

월요일과 수요일의 횟수의 차가

가장 큰 사람은 유하이고

횟수의 차는 　　　 회이다.

월　　　일

04 어느 편의점의 날짜별 사탕 판매량을 조사하여 나타낸 꺾은선그래프이다. 사탕 1개가 300원일 때, 1일부터 4일까지 사탕을 판매한 금액은 모두 얼마인지 구하시오.

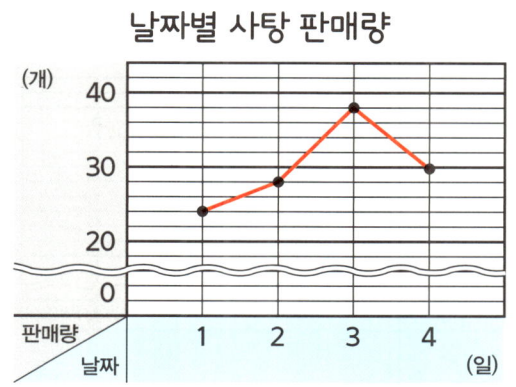

날짜별 사탕 판매량

답 (　　　　　)원

[보기]　38　300　36000

1일: 24개, 2일: 28개,

3일: [　　]개, 4일: 30개

판매량의 합

= 24 + 28 + 38 + 30

= 120 (개)

판매한 금액의 합

= 120 × [　　]

= [　　　　] (원)

169

05 지유의 월별 공부 시간을 조사하여 나타낸 꺾은선그래프이다. 지유가 매월 일정한 시간만큼 늘려 가며 공부할 때, 12월에 하는 공부 시간은 몇 시간인지 구하시오.

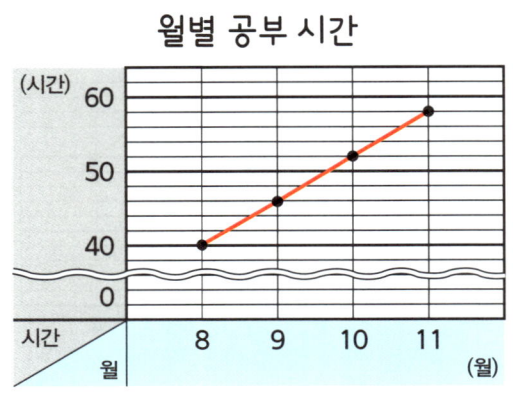

월별 공부 시간

답 ( )시간

[보기]   6   58   64

공부 시간은 세로 눈금이

일정하게 3칸씩 높아지므로

매월 [ ]시간씩 늘어난다.

11월에 한 공부 시간은

[ ]시간이므로

12월에 하는 공부 시간은

58 + 6 = [ ](시간) 이다.

월   일

06 어느 초등학교의 연도별 학생 수를 조사하여 나타낸 꺾은선그래프이다. 여학생 수
와 남학생 수의 차가 가장 큰 때의 학생 수의 차는 몇 명인지 구하시오.

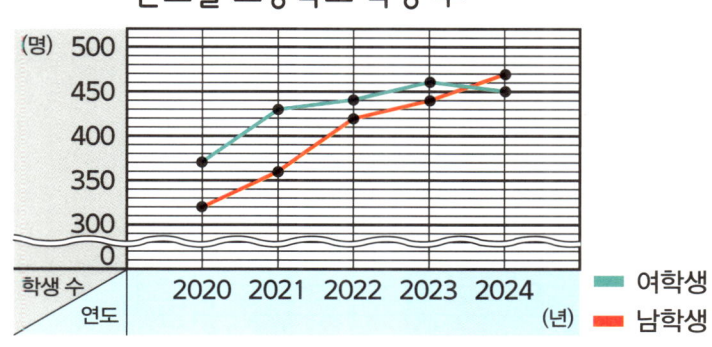

연도별 초등학교 학생 수

답 (   )명

[보기] 70   2021   360

학생 수의 차가 가장 큰 때는

여학생 수와 남학생 수를

나타내는 점이 가장 많이 떨어져

있는 때이므로 [　　　]년이다.

2021년의

여학생 수는 430명,

남학생 수는 [　　　]명이므로

학생 수의 차는

430 - 360 = [　　　] (명)이다.

07 어느 공장의 월별 불량품 수를 조사하여 나타낸 꺾은선그래프의 일부분이다. 7월과 8월의 불량품 수의 합은 210개이고, 5월의 불량품 수는 8월보다 10개 더 적다. 7월의 불량품 수는 몇 개인지 구하시오.

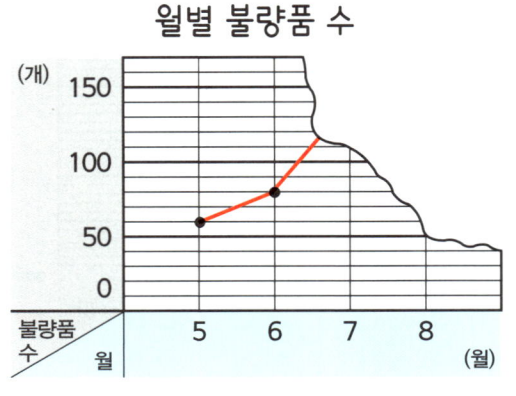

월별 불량품 수

답 (　　　)개

[보기] 　140　60　70

5월의 불량품 수는

　　 개이므로

8월의 불량품 수는

60 + 10 = 70 (개) 이다.

7월의 불량품 수는

210 - 　　 = 　　 (개)이다.

08 어느 마을의 연도별 포도 생산량을 조사하여 나타낸 꺾은선그래프이다. 이 그래프의 세로 눈금 한 칸의 크기를 4상자로 하여 그래프를 다시 그린다면, 2023년과 2024년의 세로 눈금 수의 차는 몇 칸인지 구하시오.

연도별 포도 생산량

답 (   )칸

 [보기]   40   10   340

2023년 : 380상자

2024년 :   상자

2023년과 2024년의 생산량의 차

= 380 - 340 = 40 (상자)

세로 눈금 한 칸의 크기를

4상자로 하여 다시 그린다면

2023년과 2024년의

세로 눈금 수의 차

=   ÷ 4 =   (칸)

173

09 지효와 유나의 월별 시험 점수를 조사하여 나타낸 꺾은선그래프이다. 점수가 가장 높은 달과 가장 낮은 달의 점수 차가 더 작은 사람의 점수 차는 몇 점인지 구하시오.

지효의 시험 점수

유나의 시험 점수

답 (   )점

[보기]   1   8   92

지효의 시험 점수가

가장 높은 달 : 3월 (90점)

가장 낮은 달 : ▢월 (82점)

점수 차 = 90 - 82 = 8 (점)

유나의 시험 점수가

가장 높은 달 : 2월 (▢점)

가장 낮은 달 : 4월 (68점)

점수 차 = 92 - 68 = 24 (점)

8 < 24 이므로 ▢점이다.

10 예나네 동네의 요일별 쓰레기 배출량을 조사하여 나타낸 꺾은선그래프이다. 월요일부 터 목요일까지의 쓰레기 배출량의 합은 710kg이고, 월요일의 쓰레기 배출량이 화요일 의 쓰레기 배출량보다 30kg 더 많다. 화요일의 쓰레기 배출량은 몇 kg인지 구하시오.

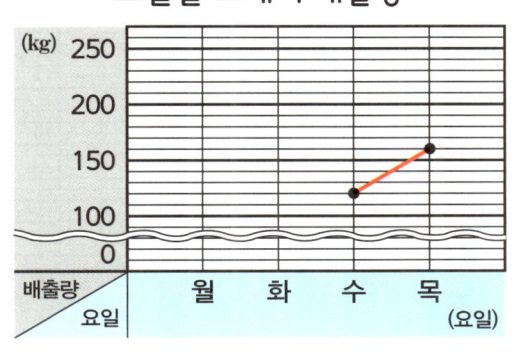

요일별 쓰레기 배출량

답 (   )kg

 [보기]   30   160   200

수요일 : 120kg, 목요일 :  kg

월요일과 화요일의 쓰레기 배출량

= 710 − 120 − 160 = 430 (kg)

화요일의 배출량을 □kg이라 하면,

월요일의 배출량은 (□+30)kg이므로

(□+30) + □ = 430

□ + □ = 430 −   = 400

□ = 400 ÷ 2 = 200

화요일의 배출량 :  kg

175

11 어느 농장의 연도별 고구마 수확량을 조사하여 나타낸 꺾은선그래프이다. 수확량이 가장 많이 변한 때의 변화량만큼 2024년과 2025년 사이에 수확량이 줄었다면 2025년의 수확량은 몇 kg인지 구하시오.

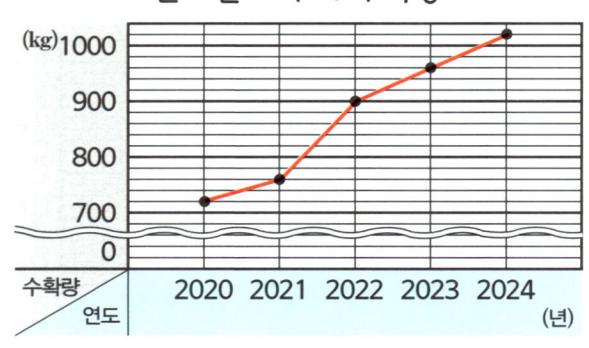

연도별 고구마 수확량

답 (   )kg

✏️ [보기] 140   760   880

📝

선분이 가장 많이 기울어진 때가

수확량이 가장 많이 변한 때이므로

2021년과 2022년 사이이다.

2021년과 2022년 사이의

변화량은 900 -   = 140(kg),

2024년의 수확량은 1020kg이므로

2025년의 수확량은

1020 -   =   (kg)이다.

12 어느 도시의 월별 강수량을 조사하여 나타낸 꺾은선그래프이다. 4개월 동안의 강수량의 합이 190mm일 때, ㉠과 ㉡에 알맞은 수의 합을 구하시오.

월별 강수량

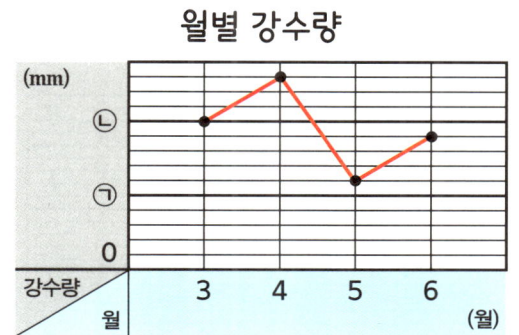

답 (   )

[보기]   13   38   75

3월: 10칸, 4월:⬚칸,

5월: 6칸, 6월: 9칸

세로 눈금 칸 수의 합인

10 + 13 + 6 + 9 = 38 (칸)이

190mm를 나타내므로

세로 눈금 한 칸의 크기는

190 ÷ ⬚ = 5 (mm) 이다.

㉠ = 5 × 5 = 25

㉡ = 5 × 10 = 50

㉠ + ㉡ = 25 + 50 = ⬚

13 준서와 은재가 5일 동안 마신 물의 양을 조사하여 나타낸 꺾은선그래프이다. 은재가 준서보다 물을 150mL 더 많이 마신 때의 두 사람의 마신 물의 양의 합은 몇 mL인지 구하시오.

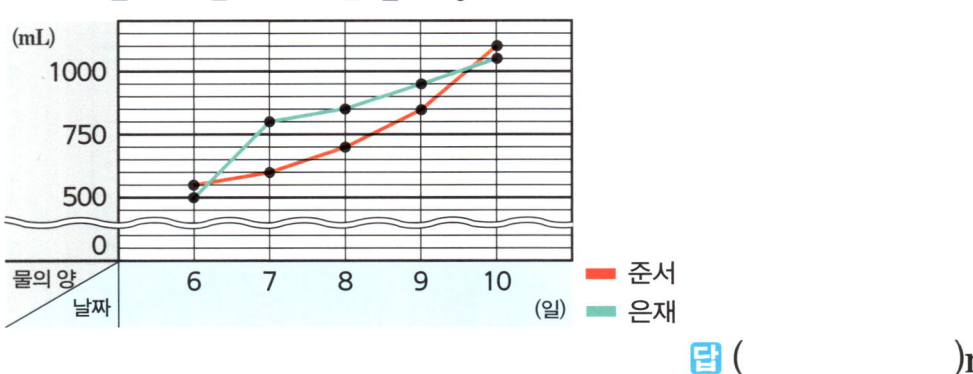

준서와 은재가 마신 물의 양

답 (   )mL

[보기] 50   250   1550

세로 눈금 한 칸의 크기는

       ÷ 5 = 50 (mL)이므로

은재가 준서보다 물을 150mL

더 많이 마신 때는

은재가 마신 양을 나타내는 점이

준서가 마신 양을 나타내는 점보다

150 ÷   = 3(칸) 더 위에

있는 8일이다.

700 + 850 =   (mL)

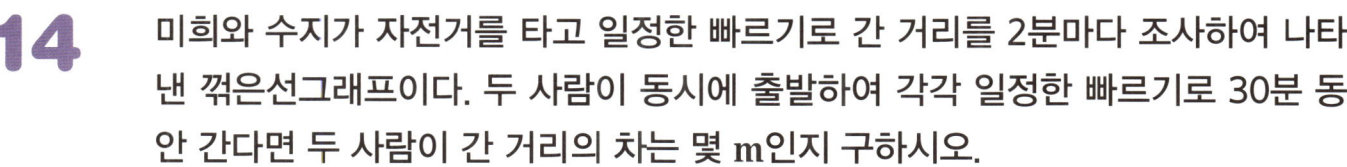

14 미희와 수지가 자전거를 타고 일정한 빠르기로 간 거리를 2분마다 조사하여 나타낸 꺾은선그래프이다. 두 사람이 동시에 출발하여 각각 일정한 빠르기로 30분 동안 간다면 두 사람이 간 거리의 차는 몇 m인지 구하시오.

미희와 수지가 간 거리

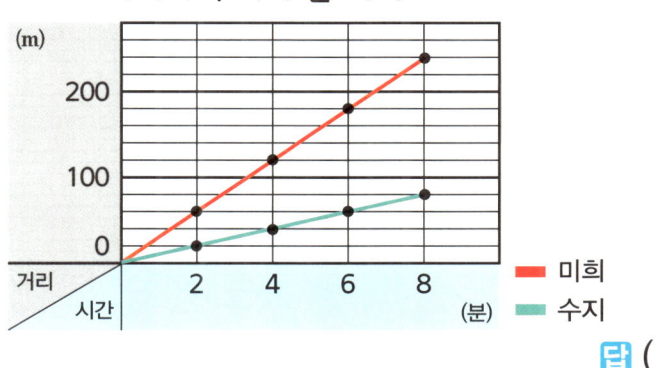

답 (   )m

[보기]   20   15   600

미희는 2분 동안 60m씩 가고,

수지는 2분 동안 [   ] m씩 간다.

30분은 2분씩 30÷2=15(번)

이므로 일정한 빠르기로 30분 동안

미희는 60 × 15 = 900(m),

수지는 20 × [   ] = 300(m)간다.

두 사람이 간 거리의 차는

900 - 300 = [   ] (m)이다.

01 어느 지역의 연도별 출생아 수를 조사하여 나타낸 꺾은선그래프이다. 2016년부터 2020년까지 출생아 수의 합이 1050명일 때, 2019년의 출생아 수는 몇 명인지 구하시오.

연도별 출생아 수

답 (   )명

[보기]   208   230   206

2016년 : 202명

2017년 : 204명

2018년 :   명

2020년 : 230명

2019년의 출생아 수

= 1050 - 202 - 204

  - 208 -

=   (명)

월 일

02 국화꽃과 동백꽃의 키를 일주일마다 조사하여 나타낸 꺾은선그래프이다. 국화꽃이 가장 많이 자랐을 때, 동백꽃의 키는 몇 **cm** 자랐는지 구하시오.

국화꽃의 키

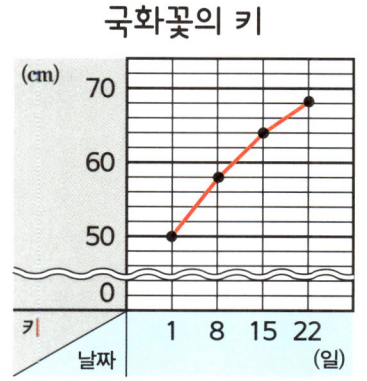

동백꽃의 키

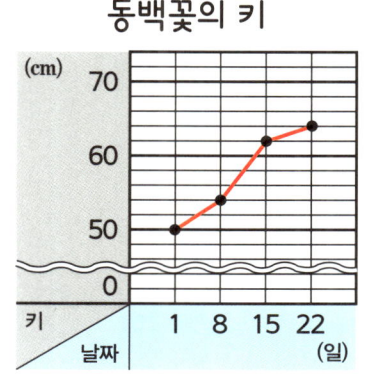

답 ( )cm

[보기] 1 4 54

국화꽃의 키를 나타낸

꺾은선그래프에서 선분이

오른쪽 위로 가장 많이 기울어진

때는 [ ]일과 8일 사이이다.

동백꽃의 키는

1일에 50cm,

8일에 [ ]cm 이므로

54-50= [ ] (cm) 자랐다.

03 지우와 친구들의 요일별 줄넘기 횟수를 조사하여 나타낸 꺾은선그래프이다. 화요일
과 목요일의 줄넘기 횟수의 차가 가장 큰 사람의 횟수의 차는 몇 회인지 구하시오.

지우의 줄넘기 횟수   윤서의 줄넘기 횟수   정아의 줄넘기 횟수

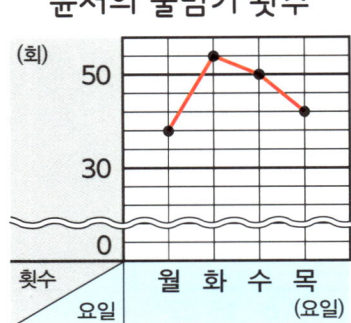

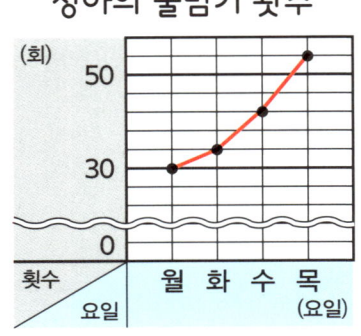

답 (   )회

[보기]   42   54   20

화요일과 목요일의 줄넘기

횟수의 차를 각각 구하면

지우 : 46 - 38 = 8 (회)

윤서 : 54 - ▨ = 12 (회)

정아 : ▨ - 34 = 20 (회)

화요일과 목요일의 횟수의 차가

가장 큰 사람은 정아이고

횟수의 차는 ▨ 회이다.

월   일

04 어느 가게의 요일별 단팥빵 판매량을 조사하여 나타낸 꺾은선그래프이다. 단팥빵 1개가 400원일 때, 월요일부터 목요일까지 단팥빵을 판매한 금액은 모두 얼마인지 구하시오.

요일별 단팥빵 판매량

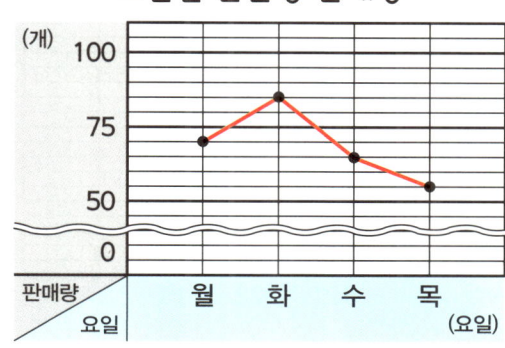

답 (   )원

[보기] 110000 275 65

월요일 : 70 개, 화요일 : 85개,

수요일 :   개, 목요일 : 55 개

판매량의 합

= 70 + 85 + 65 + 55

= 275 (개)

판매한 금액의 합

=   × 400

=   (원)

183

05 건우의 날짜별 게임 시간을 조사하여 나타낸 꺾은선그래프이다. 건우가 매일 일정한 시간만큼 줄여 가며 게임할 때, 이번 달 25일에 하는 게임 시간은 몇 분인지 구하시오.

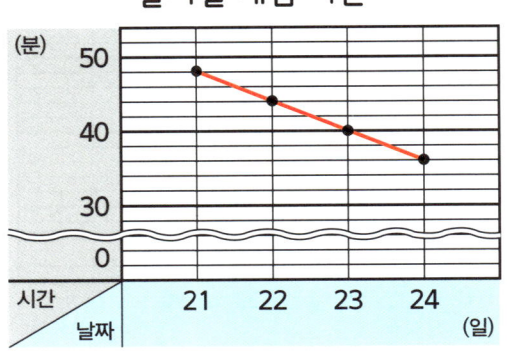

날짜별 게임 시간

답 (　　　　　)분

 [보기]　　2　32　36

게임 시간은 세로 눈금이

일정하게 ▨ 칸씩 낮아지므로

매일 4분씩 줄어든다.

24일에 한 게임 시간은

▨ 분이므로

25일에 하는 게임 시간은

36 - 4 = ▨ (분)이다.

184

06 서희와 리아의 몸무게를 2달마다 1일에 조사하여 나타낸 꺾은선그래프이다. 두 사람의 몸무게의 차가 가장 큰 때의 몸무게의 차를 구하시오.

서희와 리아의 몸무게

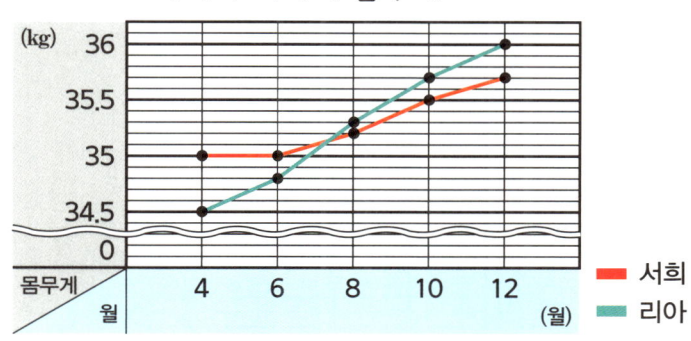

답 ( )kg

[보기]   0.5   35   4

몸무게의 차가 가장 큰 때는

서희와 리아의 몸무게를

나타내는 점이 가장 많이 떨어져

있는 때이므로 ◻ 월이다.

4월의

서희의 몸무게는 ◻ kg,

리아의 몸무게는 34.5kg이므로

몸무게의 차는

35 - 34.5 = ◻ (kg)이다.

07 어느 병원의 연도별 입원 환자 수를 조사하여 나타낸 꺾은선그래프의 일부분이다. 2020년의 입원 환자 수는 2019년보다 40명 더 적고, 2019년의 입원 환자 수는 2017년보다 20명 더 많다. 2020년의 입원 환자 수는 몇 명인지 구하시오.

연도별 입원 환자 수

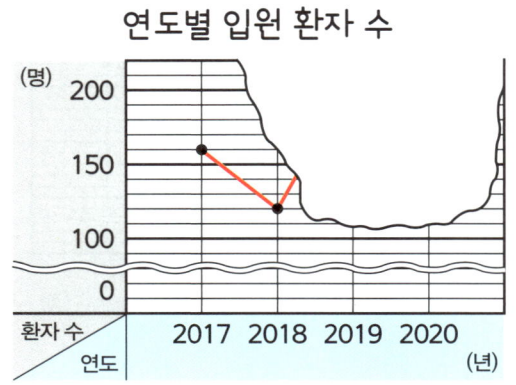

답 (   )명

 [보기]   20   140   160

2017년의 입원 환자 수는

[   ] 명이므로

2019년의 입원 환자 수는

160+[   ] =180(명)이다.

2020년의 입원 환자 수는

180-40 = [   ](명)이다.

08 어느 영화관의 요일별 관람객 수를 조사하여 나타낸 꺾은선그래프이다. 이 그래프의 세로 눈금 한 칸의 크기를 5명으로 하여 그래프를 다시 그린다면, 금요일과 토요일의 세로 눈금 수의 차는 몇 칸인지 구하시오.

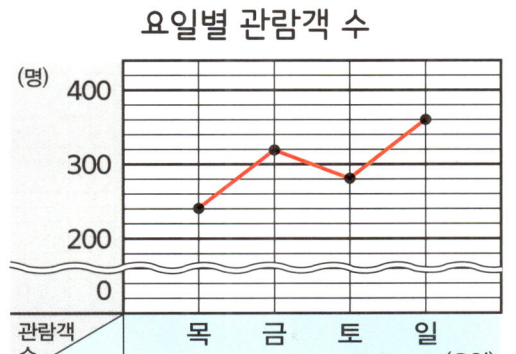

요일별 관람객 수

답 (   )칸

[보기]   5   8   280

금요일 : 320명, 토요일 :   명

금요일과 토요일의 관람객 수의 차

= 320 - 280 = 40(명)

세로 눈금 한 칸의 크기를

5명으로 하여 다시 그린다면

금요일과 토요일의

세로 눈금 수의 차

= 40 ÷   =   (칸)

187

09 진규와 태하의 오래 매달리기 기록을 조사하여 나타낸 꺾은선그래프이다. 기록이 가장 긴 날과 가장 짧은 날의 시간차가 더 큰 사람의 시간차는 몇 초인지 구하시오.

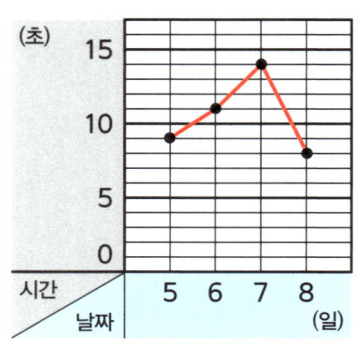

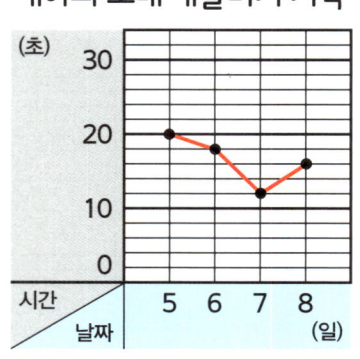

답 (   )초

 [보기]   14   7   8

진규의 오래 매달리기 기록이

가장 긴 날 : 7일 (⬚ 초)

가장 짧은 날 : 8일 (8초)

시간차 = 14 - 8 = 6 (초)

태하의 오래 매달리기 기록이

가장 긴 날 : 5일 (20초)

가장 짧은 날 : ⬚ 일 (12초)

시간차 = 20 - 12 = 8 (초)

6 < 8이므로 ⬚ 초이다.

월 일

10 어느 도시의 월별 이사 온 가구 수를 조사하여 나타낸 꺾은선그래프이다. 6월부터 9월까지 이사 온 가구 수의 합은 238가구이고, 9월에 이사 온 가구 수가 8월에 이사 온 가구 수보다 15가구 더 적다. 8월에 이사 온 가구 수는 몇 가구인지 구하시오.

7주차

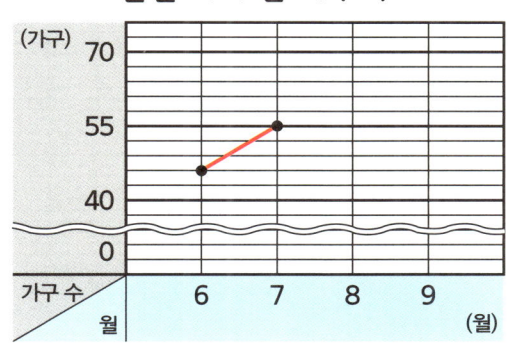

월별 이사 온 가구 수

답 ( )가구

[보기] 2 76 46

6월 : ☐ 가구, 7월 : 55 가구

8월과 9월에 이사 온 가구 수

= 238 - 46 - 55 = 137 (가구)

8월을 ☐가구라 하면,

9월은 (☐-15) 가구이므로

☐ + (☐-15) = 137

☐ + ☐ = 137 + 15 = 152

☐ = 152 ÷ ☐ = 76

8월에 이사 온 가구 수 : ☐ 가구

11 어느 회사의 연도별 자동차 판매량을 조사하여 나타낸 꺾은선그래프이다. 판매량이 가장 많이 변한 때의 변화량만큼 2026년과 2027년 사이에 판매량이 늘었다면 2027년의 판매량은 몇 대인지 구하시오.

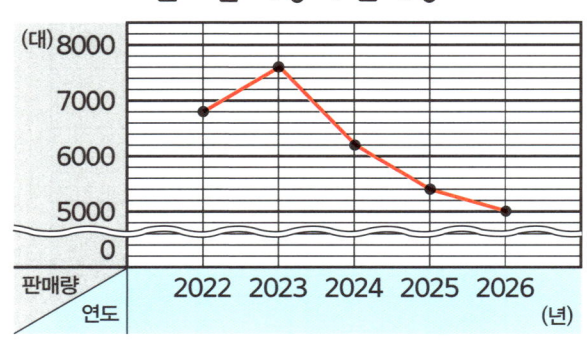

연도별 자동차 판매량

답 (   )대

[보기] 7600 1400 6400

선분이 가장 많이 기울어진 때가

판매량이 가장 많이 변한 때이므로

2023년과 2024년 사이이다.

2023년과 2024년 사이의

변화량은 ▢ -6200=1400 (대),

2026년의 판매량은 5000대이므로

2027년의 판매량은

5000+ ▢ = ▢ (대)이다.

12 어느 도서관의 월별 책 대여량을 조사하여 나타낸 꺾은선그래프이다. 4개월 동안의 책 대여량의 합이 880권일 때, ㉠과 ㉡에 알맞은 수의 합을 구하시오.

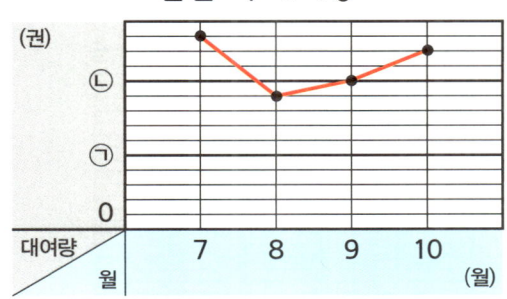

월별 책 대여량

답 (   )

 [보기]   12   300   880

7월 : 13칸, 8월 : 9칸,

9월 : 10칸, 10월 :   칸

세로 눈금 칸 수의 합인

13 + 9 + 10 + 12 = 44 (칸)이

880권을 나타내므로

세로 눈금 한 칸의 크기는

 ÷ 44 = 20 (권)이다.

㉠ = 20 × 5 = 100

㉡ = 20 × 10 = 200

㉠ + ㉡ = 100 + 200 =

13 연주의 월별 수학과 영어 시험 점수를 조사하여 나타낸 꺾은선그래프이다. 수학 점수가 영어 점수보다 8점 더 낮을 때의 수학과 영어 시험 점수의 합은 몇 점인지 구하시오.

수학과 영어 시험 점수

(점) ... 수학 점수 / 영어 점수 / 점수 / 월 / 9 10 11 12 (월)

━ 수학 점수
━ 영어 점수

답 (   )점

 [보기]   5   8   160

세로 눈금 한 칸의 크기는

10 ÷ ☐ = 2 (점)이므로

수학 점수가 영어 점수보다

8점 더 낮을 때는

수학 점수를 나타내는 점이

영어 점수를 나타내는 점보다

☐ ÷ 2 = 4 (칸) 더 아래에

있는 11월이다.

76 + 84 = ☐ (점)

14 민기와 현아가 킥보드를 타고 일정한 빠르기로 간 거리를 5분마다 조사하여 나타낸 꺾은선그래프이다. 두 사람이 동시에 출발하여 각각 일정한 빠르기로 70분 동안 간 다면 두 사람이 간 거리의 차는 몇 m인지 구하시오.

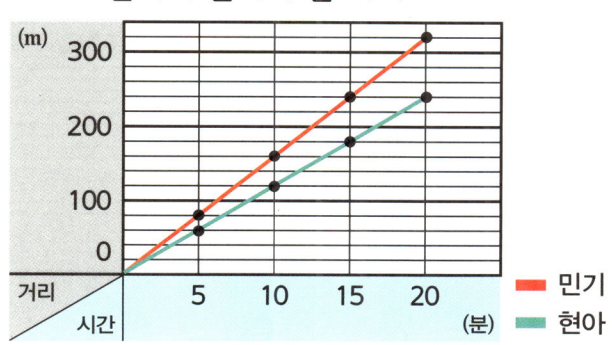

민기와 현아가 간 거리

답 (   )m

 [보기]   14   80   280

민기는 5분 동안 ☐ m씩 가고,

현아는 5분 동안 60m씩 간다.

70분은 5분씩 70÷5 =14 (번)

이므로 일정한 빠르기로 70분 동안

민기는 80 × ☐ =1120 (m),

현아는 60 × 14 = 840 (m) 간다.

두 사람이 간 거리의 차는

1120 - 840 = ☐ (m) 이다.

01 9월 한 달 동안 어느 지역의 해 뜨는 시각과 해 지는 시각을 일주일마다 조사하여 나타낸 꺾은선그래프이다. 9월 15일의 낮의 길이는 몇 시간 몇 분인지 구하시오.

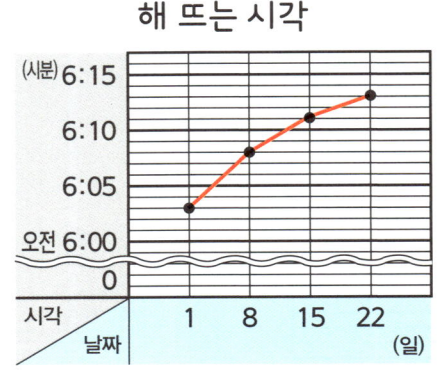

해 뜨는 시각

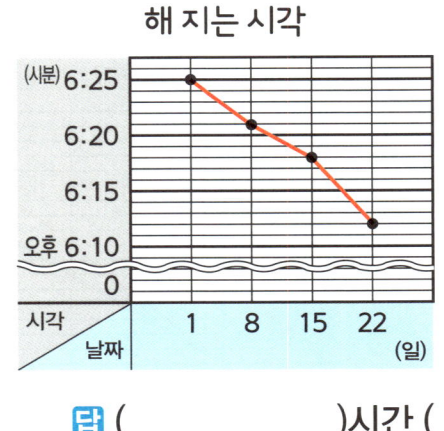

해 지는 시각

답 (   )시간 (   )분

 [보기]   11   18   7

9월 15일의

해 뜨는 시간 : 오전 6시 ▢ 분

해 지는 시간 : 오후 6시 18분

낮의 길이

= 오후 6시 18분 − 오전 6시 11분

= ▢ 시 18분 − 6시 11분

= 12시간 ▢ 분

02 어느 지역의 날짜별 최고 기온과 에어컨 판매량을 조사하여 나타낸 꺾은선그래프이다. 최고 기온의 변화가 가장 컸을 때, 에어컨 판매량은 몇 대 늘었는지 구하시오.

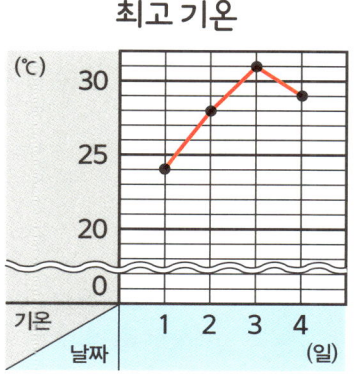

최고 기온

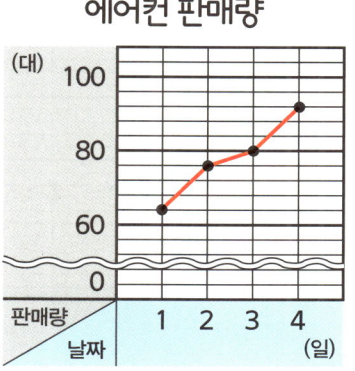

에어컨 판매량

답 (   )대

 [보기]   1   76   12

최고 기온을 나타낸

꺾은선그래프에서 선분이

가장 많이 기울어진 때는

☐ 일과 2일 사이이다.

에어컨 판매량은

1일 64대,

2일 ☐ 대이므로

76-64= ☐ (대) 늘었다.

8주차

195

STEP 3

03 현서와 윤아의 키를 매년 1월 1일에 조사하여 나타낸 꺾은선그래프이다. 현서와 윤아의 키가 같을 때는 모두 몇 번인지 구하시오.

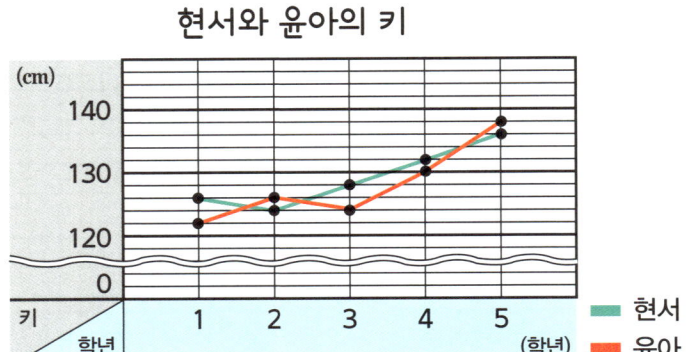

현서와 윤아의 키

답 (   )번

[보기]   3   5   2

현서와 윤아의 키가 같을 때는

두 꺾은선이 만나는 때이므로

1학년과 2학년 사이,

    학년과 3학년 사이,

4학년과   학년 사이로

모두   번이다.

월   일

04 어느 가게의 5일 동안의 토스트 판매량을 조사하여 나타낸 꺾은선그래프이다. 토스트 한 개의 가격이 1000원일 때, 5일 동안 토스트를 판 돈은 모두 얼마인지 구하시오.

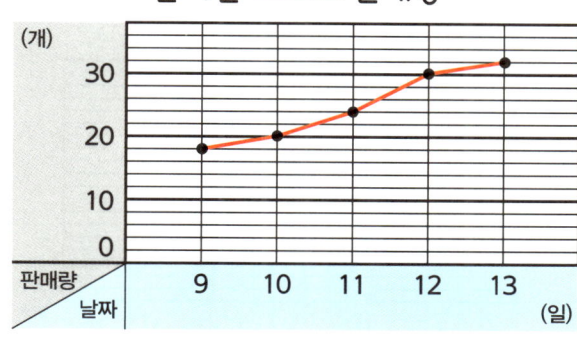

날짜별 토스트 판매량

답 (   )원

 [보기] 24   124   124000

9일: 18개, 10일: 20개,

11일: [   ]개, 12일: 30개,

13일: 32개

5일 동안의 토스트 판매량

= 18+20+24+30+32

= 124 (개)

5일 동안 토스트를 판 돈

= [   ] × 1000

= [   ] (원)

197

05 윤주와 인아의 몸무게를 매월 1일에 조사하여 나타낸 꺾은선그래프이다. 9월부터 는 두 사람의 몸무게가 매월 일정하게 늘 때, 12월 1일의 두 사람의 몸무게의 차 는 몇 **kg**인지 구하시오.

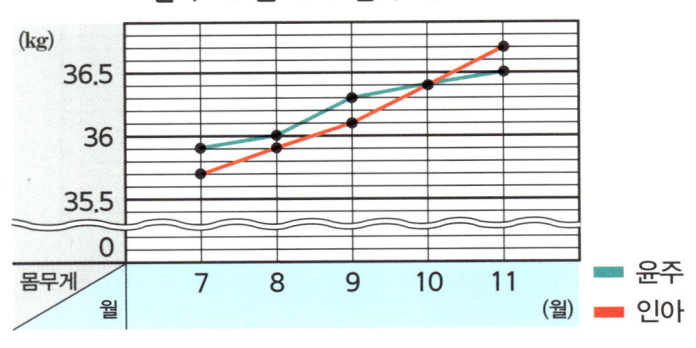

윤주와 인아의 몸무게

답 (　　　　　　)kg

 [보기]　36.6　37　0.4

윤주의 몸무게는

9월: 36.3kg, 10월: 36.4kg,

11월: 36.5kg이므로

12월: 　　　　kg 이다.

인아의 몸무게는

9월: 36.1kg, 10월: 36.4kg,

11월: 36.7kg이므로

12월: 　　　　kg 이다.

37 − 36.6 = 　　　(kg)

정답 63~64 쪽

월 일

06 어느 가게의 연도별 장난감 판매량을 조사하여 나타낸 꺾은선그래프이다. 2022년의 판매량은 2023년보다 300개 더 적고, 2025년의 판매량은 2023년보다 200개 더 적다. 2022년부터 2025년까지 장난감 판매량은 모두 몇 개인지 구하시오.

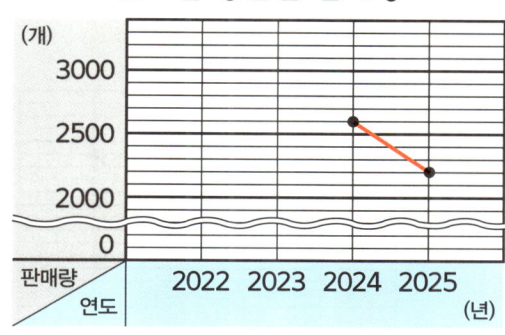

연도별 장난감 판매량

답 ( )개

 [보기] 2200 300 9300

2024년 : 2600개, 2025년 : ⬚개

2023년의 판매량

= 2200 + 200 = 2400 (개)

2022년의 판매량

= 2400 - ⬚ = 2100 (개)

2022년부터 2025년까지

장난감 판매량

= 2100 + 2400 + 2600 + 2200

= ⬚ (개)

8주차

07 어느 박물관의 요일별 방문객 수를 조사하여 나타낸 꺾은선그래프이다. 세로 눈금 한 칸의 크기를 다르게 하여 다시 그렸더니 방문객 수가 가장 많은 요일과 가장 적은 요일의 세로 눈금 칸 수의 차가 16칸이었다. 다시 그린 그래프는 세로 눈금 한 칸의 크기를 몇 명으로 한 것인지 구하시오.

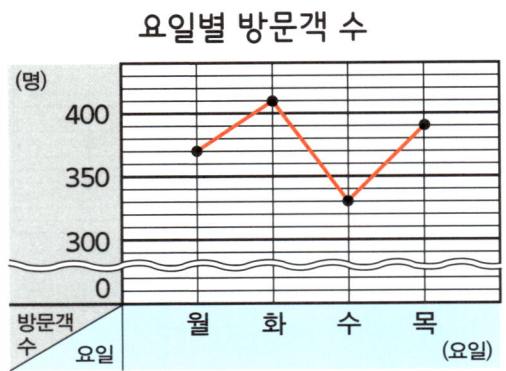

요일별 방문객 수

답 ( )명

[보기] 5 80 330

박물관의 방문객 수가

가장 많은 때 : 화요일 (410명)

가장 적은 때 : 수요일 (명)

방문객 수의 차

= 410-330 = 80 (명)

다시 그린 그래프는

세로 눈금 한 칸의 크기를

÷16= (명)으로 한 것이다.

200

월 일

08 지수의 월별 국어 점수와 영어 점수를 조사하여 나타낸 꺾은선그래프이다. 전월에 비해 국어 점수는 올랐지만, 영어 점수는 떨어진 때의 국어 점수는 전월에 비해 몇 점이 올랐는지 구하시오.

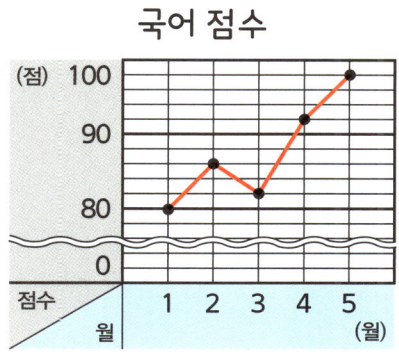

국어 점수

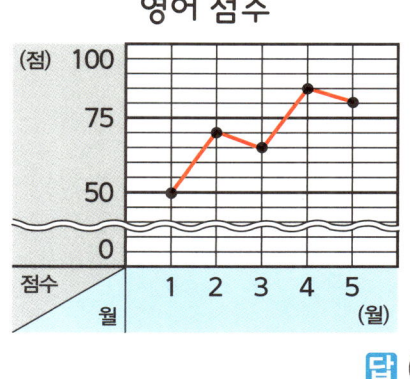

영어 점수

답 ( )점

8주차

[보기]   3   5   6

전월에 비해 국어 점수가

오른 때는 2월, 4월, 5월이다.

전월에 비해 영어 점수가

떨어진 때는 3월, 5월이다.

전월에 비해 국어 점수는 올랐지만,

영어 점수가 떨어진 때는 ☐ 월이다.

5월의 국어 점수는

전월에 비해 세로 눈금이

☐ 칸 늘었으므로 ☐ 점이 올랐다.

6 다각형

이번 단원에서 학습할 내용!

⭐ 다각형
⭐ 정다각형
⭐ 대각선
⭐ 사각형의 대각선의 성질
⭐ 모양 만들기와 모양 채우기

01 정오각형의 한 각의 크기는 몇 도인지 구하시오.

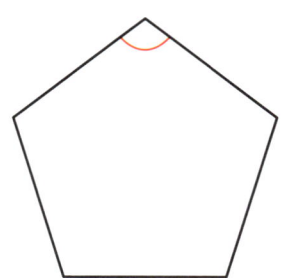

답 (   )°

 [보기]   180   108   3

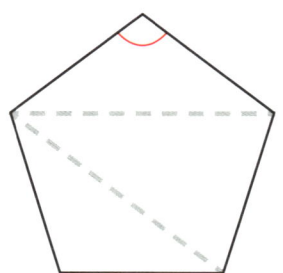

정오각형은 삼각형 ▢ 개로

나눌 수 있으므로

정오각형의 모든 각의

크기의 합

= ▢ ° × 3 = 540°

정오각형의 한 각의 크기

= 540° ÷ 5 = ▢ °

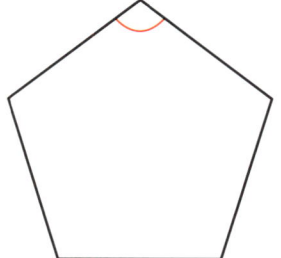

월   일

02 다음 도형은 정사각형과 정육각형을 겹치지 않게 이어 붙인 것이다. ㉠의 크기는 몇 도인지 구하시오.

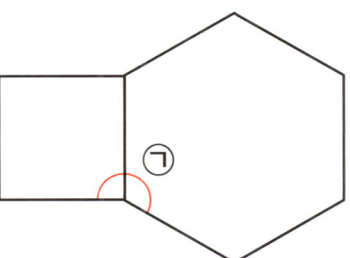

8주차

답 (   )°

 [보기]   4   6   210

정육각형은 삼각형 4개로

나눌 수 있으므로

정육각형의 모든 각의

크기의 합

$=180° \times \boxed{} = 720°$

정육각형의 한 각의 크기

$=720° \div \boxed{} = 120°$

정사각형의 한 각의 크기

$= 90°$

 $= 90° + 120° = \boxed{}°$

205

03 직사각형 ㄱㄴㄷㄹ에서 각 ㅇㄴㄷ의 크기는 몇 도인지 구하시오.

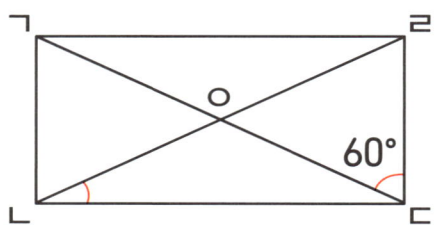

답 (　　　　　)°

 [보기]　　ㅇ ㄷ　　30　90

(각 ㅇㄷㄴ) = ☐☐° - 60° = 30°

두 대각선의 길이가 같고,

한 대각선이 다른 대각선을

똑같이 둘로 나누므로

(선분 ㅇㄴ) = (선분 )

삼각형 ㅇㄴㄷ은 이등변삼각형이므로

(각 ㅇㄴㄷ) = (각 ㅇㄷㄴ) = °

정답 66~67 쪽

월   일

04 구각형에 그을 수 있는 대각선은 모두 몇 개인지 구하시오.

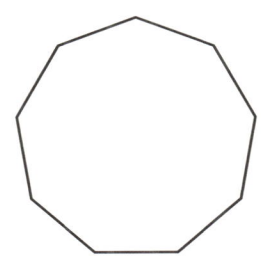

답 (   )개

[보기]   9   27   2

구각형의 한 꼭짓점에서

그을 수 있는 대각선은

9-3=6(개)이고,

구각형의 꼭짓점은 9개이므로

꼭짓점마다 대각선을 그으면

6×[　]=54(개)가 그어지고,

한 대각선이 두 번씩 세어진

것이므로 구각형에 그을 수 있는

대각선은 54÷[　]=[　](개)이다.

207

05 정육각형에서 대각선을 그은 것이다. 각 ㅂㄱㅁ의 크기는 몇 도인지 구하시오.

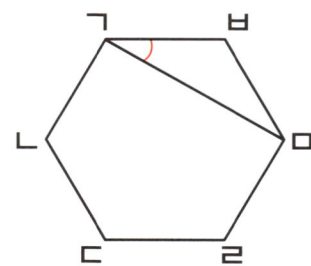

답 (   )°

[보기] 30   120   720

정육각형은 삼각형 4개로

나눌 수 있으므로

정육각형의 모든 각의 크기의 합

=180°×4=720°

정육각형의 한 각의 크기

=   °÷6=120°

삼각형 ㅂㄱㅁ은 이등변삼각형이므로

(각 ㅂㄱㅁ)+(각 ㅂㅁㄱ)

=180°-   °=60°

(각 ㅂㄱㅁ)=60°÷2=   °

월 ◯ 일 ◯

06 정육각형과 마름모를 겹치지 않게 이어 붙여 놓은 것이다. 정육각형의 모든 변의 길이의 합이 54cm일 때, 굵은 선의 길이는 몇 cm인지 구하시오.

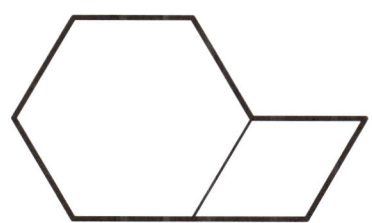

답 (　　　　　)cm

8주차

 [보기]　　6　8　72

정육각형은 6개의 변의 길이가

모두 같으므로

정육각형의 한 변의 길이

$=54 \div$ ▨ $=9$(cm)

굵은 선의 길이는 정육각형의

한 변의 길이의 ▨ 배이므로

굵은 선의 길이

$=9 \times 8 =$ ▨ (cm)

209

07 정팔각형의 한 변을 길게 늘인 것이다. ㉠의 크기는 몇 도인지 구하시오.

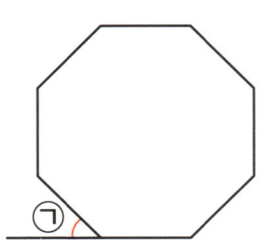

답 (   )°

[보기]   180   45   6

정팔각형은 삼각형 6개로

나눌 수 있으므로

정팔각형의 모든 각의

크기의 합

=180° ×   =1080°

정팔각형의 한 각의 크기

=1080° ÷ 8 = 135°

㉠ =   ° - 135° =   °

월 일

08 직사각형 ㄱㄴㄷㄹ에서 삼각형 ㄱㄴㅇ의 세 변의 길이의 합은 몇 **cm**인지 구하시오.

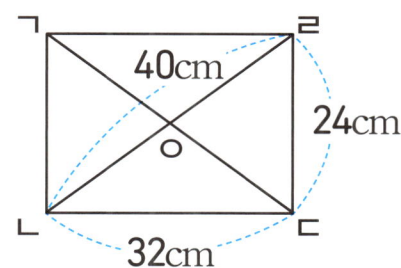

답 ( )cm

 [보기] 2 24 64

마주 보는 두 변의 길이가 같으므로

(선분 ㄱㄴ)=(선분 ㄹㄷ)= ▢ cm

두 대각선의 길이가 같고,

한 대각선이 다른 대각선을

똑같이 둘로 나누므로

(선분 ㅇㄱ)=(선분 ㅇㄴ)= 40÷ ▢

=20 (cm)

삼각형 ㄱㄴㅇ의 세 변의

길이의 합

=24+20+20= ▢ (cm)

211

09 다음 도형에서 표시한 모든 각의 크기의 합을 구하시오.

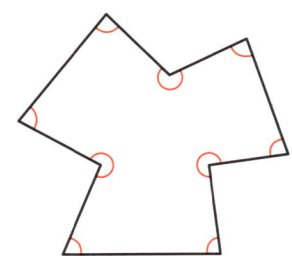

답 (   )°

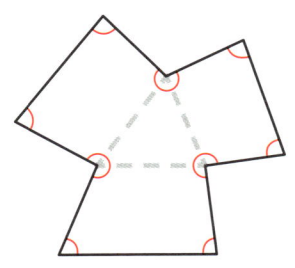

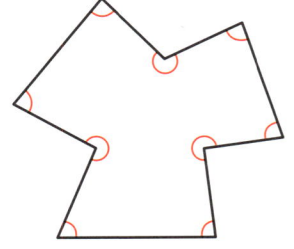

도형을 사각형 3개와 삼각형

☐ 개로 나눌 수 있으므로

도형에서 표시한 모든 각의

크기의 합은

360° × ☐ = 1080°,

1080° + 180° = ☐ ° 이다.

월 일

10 정사각형 ㄱㄴㄷㄹ에서 각 ㅇㄱㄴ의 크기는 몇 도인지 구하시오.

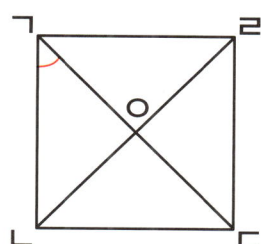

8주차

답 ( )°

[보기]   90   45   180

두 대각선이 수직으로 만나므로

(각 ㄱㅇㄴ) = ▢°

두 대각선의 길이가 같고,

한 대각선이 다른 대각선을

똑같이 둘로 나누므로

(선분 ㅇㄱ) = (선분 ㅇㄴ)

삼각형 ㄱㄴㅇ은 이등변삼각형이므로

(각 ㅇㄱㄴ) + (각 ㅇㄴㄱ)

= ▢° - 90° = 90°

(각 ㅇㄱㄴ) = 90° ÷ 2 = ▢°

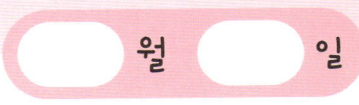 월   일

11 한 변이 18cm인 정칠각형을 만들었던 철사를 펴서 똑같은 정오각형을 8개 만들었더니 6cm가 남았다. 정오각형의 한 변은 몇 cm인지 구하시오. (단, 철사를 겹치지 않게 사용한다.)

답 (   )cm

[보기]   3   6   120

정칠각형을 만드는 데 사용한

철사의 길이

=18×7=126(cm)

정오각형을 8개 만드는 데

사용한 철사의 길이

=126- ▢ =120(cm)

정오각형을 1개 만드는 데

사용한 철사의 길이

= ▢ ÷8=15(cm)

정오각형의 한 변의 길이

=15÷5= ▢ (cm)

월　일

12 다음 도형에서 ㉠의 크기는 몇 도인지 구하시오.

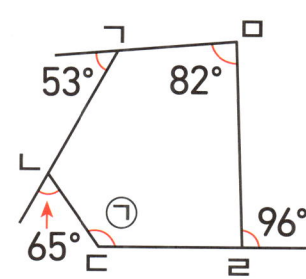

답 (　　　　　)°

 [보기]　65　132　540

(각 ㅁㄱㄴ) = 180° − 53° = 127°

(각 ㄱㄴㄷ) = 180° − ▢° = 115°

(각 ㄷㄹㅁ) = 180° − 96° = 84°

오각형은 삼각형 3개로 나눌 수

있으므로 오각형의 모든 각의

크기의 합 = 180° × 3 = 540°

127° + 115° + ㉠ + 84° + 82°

= ▢°

㉠ + 408° = 540°

㉠ = 540° − 408° = ▢°

13 정오각형에 대각선을 그은 것이다. 각 ㄷㅂㄹ의 크기는 몇 도인지 구하시오.

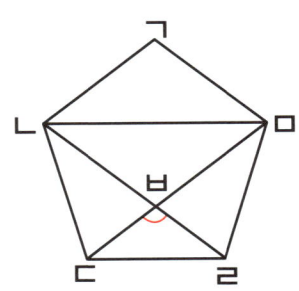

답 (   )°

 [보기]   5   2   108

정오각형은 삼각형 3개로 나눌 수

있으므로 정오각형의 한 각의 크기는

180°×3=540°,

540°÷ ☐ =108°이다.

삼각형 ㄴㄷㄹ과 삼각형 ㅁㄹㄷ은

이등변삼각형이므로

각 ㄴㄹㄷ과 각 ㅁㄷㄹ의 크기는

180°-108°=72°, 72°÷ ☐ =36°이다.

삼각형 ㅂㄷㄹ에서

(각 ㄷㅂㄹ)=180°-36°-36°= ☐ °

월 □ 일 □

14 정구각형 안에 정삼각형 ㄱㄴㄷ을 그렸다. 각 ㄱㄹㄴ의 크기는 몇 도인지 구하시오.

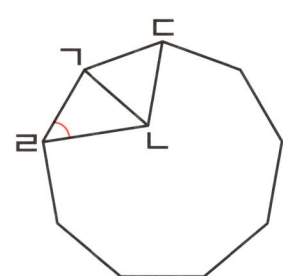

답 (   )°

 [보기]   7   50   60

정구각형은 삼각형 7개로 나눌 수

있으므로 정구각형의 한 각의 크기는

$180° \times$ □ $= 1260°$,

$1260° \div 9 = 140°$이다.

(각 ㄹㄱㄴ) $= 140° -$ □ $° = 80°$

(변 ㄱㄹ) = (변 ㄱㄷ) = (변 ㄱㄴ)이므로

삼각형 ㄱㄹㄴ은 이등변삼각형이다.

(각 ㄱㄹㄴ) + (각 ㄱㄴㄹ)

$= 180° - 80° = 100°$

(각 ㄱㄹㄴ) $= 100° \div 2 =$ □ $°$

01 정육각형의 한 각의 크기는 몇 도인지 구하시오.

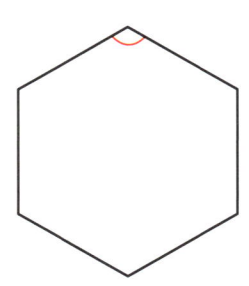

답 (   )°

 [보기]   4   6   120

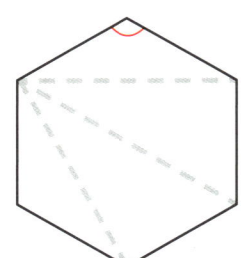

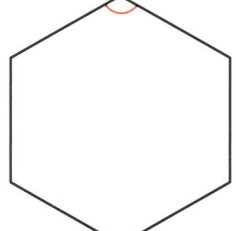

정육각형은 삼각형 4개로

나눌 수 있으므로

정육각형의 모든 각의

크기의 합

=180°× □ =720°

정육각형의 한 각의 크기

=720°÷ □ = □ °

02

다음 도형은 정팔각형과 정사각형을 겹치지 않게 이어 붙인 것이다. ㉠의 크기는 몇 도인지 구하시오.

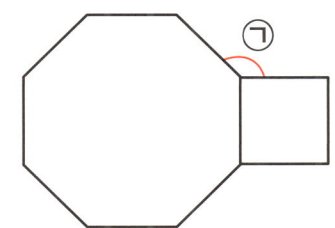

답 (   )°

 [보기]   135   6   1080

정팔각형은 삼각형  개로

나눌 수 있으므로

정팔각형의 모든 각의

크기의 합

$= 180° × 6 = 1080°$

정팔각형의 한 각의 크기

$=$ ____ $° ÷ 8 = 135°$

정사각형의 한 각의 크기

$= 90°$

㉠ $= 360° - 135° - 90° =$ ____ $°$

03 직사각형 ㄱㄴㄷㄹ에서 각 ㅇㄹㄷ의 크기는 몇 도인지 구하시오.

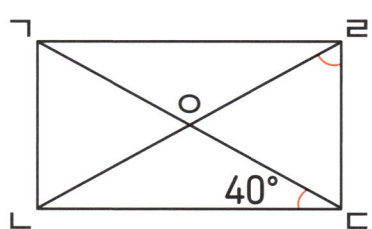

답 (   )°

 [보기]   40   50   ㅇㄷㄹ

(각 ㅇㄷㄹ) = 90° -   ° = 50°

두 대각선의 길이가 같고,

한 대각선이 다른 대각선을

똑같이 둘로 나누므로

(선분 ㅇㄷ) = (선분 ㅇㄹ)

삼각형 ㅇㄷㄹ은 이등변삼각형 이므로

(각 ㅇㄹㄷ) = (각   ) =   °

04 십각형에 그을 수 있는 대각선은 모두 몇 개인지 구하시오.

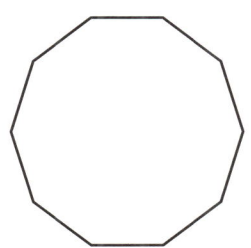

답 (   )개

 [보기]　　3　35　10

십각형의 한 꼭짓점에서

그을 수 있는 대각선은

$10 - \boxed{} = 7$(개)이고,

십각형의 꼭짓점은 10개이므로

꼭짓점 마다 대각선을 그으면

$7 \times \boxed{} = 70$(개)가 그어지고,

한 대각선이 두 번씩 세어진

것이므로 십각형에 그을 수 있는

대각선은 $70 \div 2 = \boxed{}$(개)이다.

05 정오각형에서 대각선을 그은 것이다. 각 ㄴㄷㄱ의 크기는 몇 도인지 구하시오.

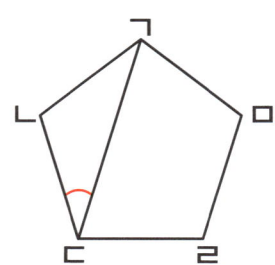

답 (   )°

 [보기] 180 36 5

정오각형은 삼각형 3개로

나눌 수 있으므로

정오각형의 모든 각의 크기의 합

= ☐° × 3 = 540°

정오각형의 한 각의 크기

= 540° ÷ ☐ = 108°

삼각형 ㄴㄷㄱ은 이등변삼각형이므로

(각 ㄴㄷㄱ) + (각 ㄴㄱㄷ)

= 180° - 108° = 72°

(각 ㄴㄷㄱ) = 72° ÷ 2 = ☐°

06 정육각형, 정삼각형, 정사각형을 겹치지 않게 이어 붙여 놓은 것이다. 정사각형의 네 변의 길이의 합이 28cm일 때, 굵은 선의 길이는 몇 cm인지 구하시오.

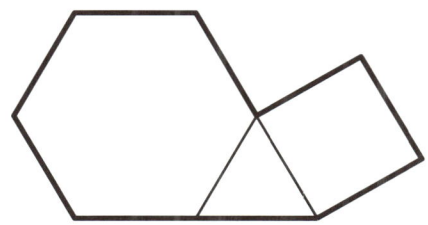

답 (   ) cm

 [보기]   9   28   63

정사각형은 4개의 변의 길이가

모두 같으므로

정사각형의 한 변의 길이

= ☐ ÷ 4 = 7 (cm)

굵은 선의 길이는 정사각형의

한 변의 길이의 ☐ 배이므로

굵은 선의 길이

= 7 × 9 = ☐ (cm)

07 정구각형의 한 변을 길게 늘인 것이다. ㉠의 크기는 몇 도인지 구하시오.

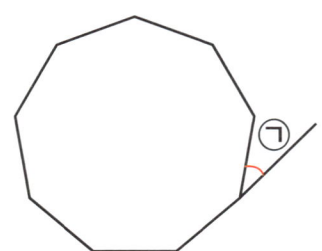

답 (   ) °

 [보기]   9   40   140

정구각형은 삼각형 7개로

나눌 수 있으므로

정구각형의 모든 각의

크기의 합

$= 180° × 7 = 1260°$

정구각형의 한 각의 크기

$= 1260° ÷ \boxed{} = 140°$

㉠ $= 180° - \boxed{}° = \boxed{}°$

월 　 일

08 직사각형 ㄱㄴㄷㄹ에서 삼각형 ㄱㅇㄹ의 세 변의 길이의 합은 몇 cm인지 구하시오.

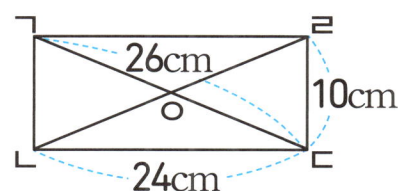

답 (　　　　　) cm

[보기]　　13　26　50

마주 보는 두 변의 길이가 같으므로

(선분 ㄱㄹ) = (선분 ㄴㄷ) = 24 cm

두 대각선의 길이가 같고,

한 대각선이 다른 대각선을

똑같이 둘로 나누므로

(선분 ㅇㄱ) = (선분 ㅇㄹ) = ☐ ÷ 2

= 13 (cm)

삼각형 ㄱㅇㄹ의 세 변의

길이의 합

= 13 + ☐ + 24 = ☐ (cm)

225

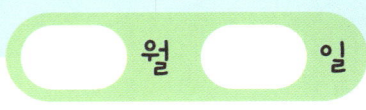
09 다음 도형에서 표시한 모든 각의 크기의 합을 구하시오.

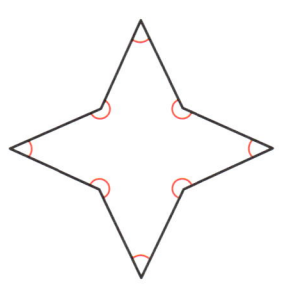

답 (   )°

[보기]   4   360   1080

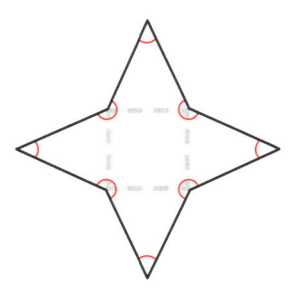

도형을 삼각형 ▢ 개와 사각형

1개로 나눌 수 있으므로

도형에서 표시한 모든 각의

크기의 합은

180°×4＝720°,

720＋ ▢ °＝ ▢ ° 이다.

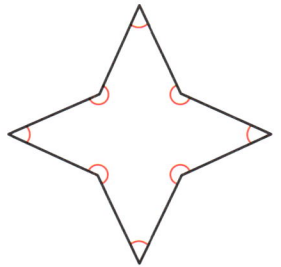

10 정사각형 ㄱㄴㄷㄹ에서 각 ㅇㄴㄷ의 크기는 몇 도인지 구하시오.

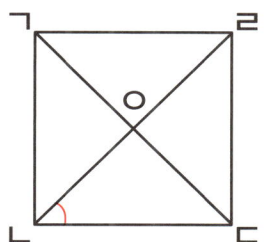

답 (   )°

9주차

 [보기]   45   90   180

두 대각선이 수직으로 만나므로

(각 ㄴㅇㄷ) = ⬜°

두 대각선의 길이가 같고,

한 대각선이 다른 대각선을

똑같이 둘로 나누므로

(선분 ㅇㄴ) = (선분 ㅇㄷ)

삼각형 ㅇㄴㄷ은 이등변삼각형이므로

(각 ㅇㄴㄷ) + (각 ㅇㄷㄴ)

= ⬜° − 90° = 90°

(각 ㅇㄴㄷ) = 90° ÷ 2 = ⬜°

11 한 변이 15cm인 정팔각형을 만들었던 철사를 펴서 똑같은 정칠각형을 4개 만들었더니 8cm가 남았다. 정칠각형의 한 변은 몇 cm인지 구하시오. (단, 철사를 겹치지 않게 사용한다.)

답 (   )cm

[보기]   15   8   4

정팔각형을 만드는 데 사용한

철사의 길이

= ⬜ × 8 = 120 (cm)

정칠각형을 4개 만드는 데

사용한 철사의 길이

= 120 − ⬜ = 112 (cm)

정칠각형을 1개 만드는 데

사용한 철사의 길이

= 112 ÷ 4 = 28 (cm)

정칠각형의 한 변의 길이

= 28 ÷ 7 = ⬜ (cm)

12 다음 도형에서 ㉠의 크기는 몇 도인지 구하시오.

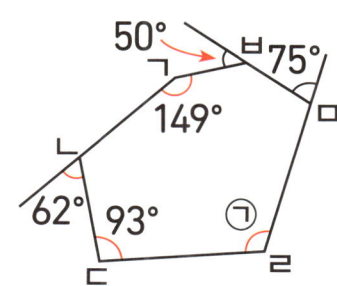

답 (   )°

 [보기]   4   125   130

(각 ㄱㄴㄷ)＝180°－62°＝118°

(각 ㄹㅁㅂ)＝180°－75°＝105°

(각 ㅁㅂㄱ)＝180°－50°＝130°

육각형은 삼각형 ☐ 개로 나눌 수

있으므로 육각형의 모든 각의

크기의 합 ＝180°× 4 ＝720°

149°+118°+93°+㉠+105°+ ☐ °

＝720°

㉠ + 595°＝720°

㉠＝720°－595°＝ ☐ °

13 정육각형에 대각선을 그은 것이다. 각 ㅂㅅㅁ의 크기는 몇 도인지 구하시오.

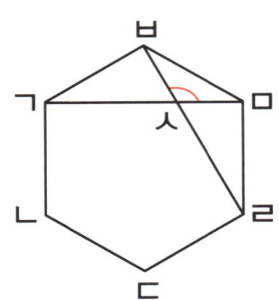

답 (   )°

 [보기] 60   720   120

정육각형은 삼각형 4개로 나눌 수

있으므로 정육각형의 한 각의 크기는

$180° \times 4 = 720°$,

[   ]° $\div 6 = 120°$ 이다.

삼각형 ㅂㄱㅁ과 삼각형 ㅁㅂㄹ은

이등변삼각형이므로

각 ㅂㅁㄱ과 각 ㅁㅂㄹ의 크기는

$180° - 120° = 60°$, [   ]° $\div 2 = 30°$ 이다.

삼각형 ㅂㅅㅁ에서

(각 ㅂㅅㅁ) $= 180° - 30° - 30° = $ [   ]°

14 정십각형 안에 정삼각형 ㄱㄴㄷ을 그렸다. 각 ㄷㄹㄴ의 크기는 몇 도인지 구하시오.

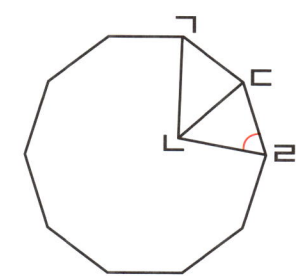

답 (   )°

9주차

 [보기]   48   84   10

정십각형은 삼각형 8개로 나눌 수

있으므로 정십각형의 한 각의 크기는

$180° \times 8 = 1440°$,

$1440° \div \boxed{} = 144°$ 이다.

(각 ㄴㄷㄹ) $= 144° - 60° = 84°$

(변 ㄷㄹ) $=$ (변 ㄷㄱ) $=$ (변 ㄷㄴ) 이므로

삼각형 ㄷㄴㄹ은 이등변삼각형이다.

(각 ㄷㄴㄹ) $+$ (각 ㄷㄹㄴ)

$= 180° - \boxed{}° = 96°$

(각 ㄷㄹㄴ) $= 96° \div 2 = \boxed{}°$

01 정구각형을 만들었던 철사를 펴서 가장 큰 정육각형을 만들었다. 만든 정육각형의
한 변의 길이와 정구각형의 한 변의 길이의 차는 몇 **cm**인지 구하시오.

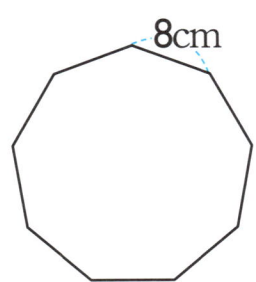

8cm

답 (   )cm

[보기]   4   6   9

정구각형의 모든 변의

길이의 합

= 8 × ⬜ = 72 (cm)

정육각형의 한 변의 길이

= 72 ÷ ⬜ = 12 (cm)

한 변의 길이의 차

= 12 - 8 = ⬜ (cm)

월   일

02

마름모 ㄱㄴㄷㄹ에서 삼각형 ㄱㄴㅇ의 세 변의 길이의 합이 24cm일 때, 선분 ㄴㅇ 의 길이는 몇 cm인지 구하시오.

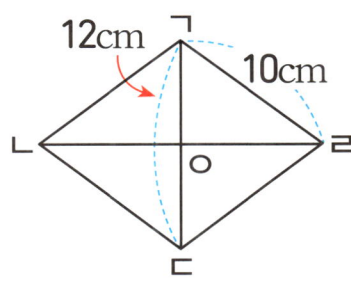

답 (   )cm

9주차

[보기]   2   8   10

네 변의 길이가 같으므로

(선분 ㄱㄴ) = ☐ cm

한 대각선이 다른 대각선을

똑같이 둘로 나누므로

(선분 ㄱㅇ) = 12 ÷ ☐ = 6(cm)

삼각형 ㄱㄴㅇ의 세 변의

길이의 합이 24cm이므로

(선분 ㄴㅇ) = 24 - 10 - 6 = ☐ (cm)

03 어떤 다각형의 한 꼭짓점에서 그을 수 있는 대각선의 수가 4개일 때, 이 다각형에서 그을 수 있는 대각선은 모두 몇 개인지 구하시오.

답 (   )개

[보기]   3   7   14

다각형의 꼭짓점의 수를 □개라 하면

한 꼭짓점에서 그을 수 있는

대각선은 (□ -   )개이므로

□ - 3 = 4, □ = 4 + 3 = 7

이 다각형은 칠각형이고

꼭짓점마다 대각선을 그으면

4 ×   = 28(개)가 그어지고,

한 대각선이 두 번씩 세어진

것이므로 칠각형에 그을 수 있는

대각선은 28 ÷ 2 =   (개)이다.

04 직사각형 ㄱㄴㄷㄹ에서 각 ㅇㄴㄷ의 크기는 몇 도인지 구하시오.

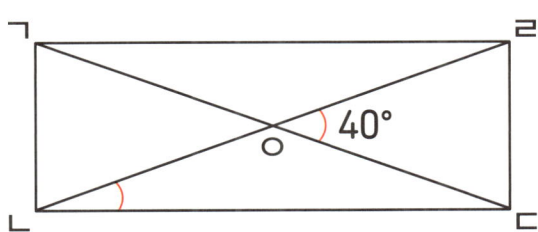

답 (   )°

 [보기]   20   40   140

(각 ㄴㅇㄷ) = 180° − ☐° = 140°

두 대각선의 길이가 같고,

한 대각선이 다른 대각선을

똑같이 둘로 나누므로

(선분 ㅇㄴ) = (선분 ㅇㄷ)

삼각형 ㅇㄴㄷ은 이등변삼각형이므로

(각 ㅇㄴㄷ) + (각 ㅇㄷㄴ)

= 180° − ☐° = 40°

(각 ㅇㄴㄷ) = 40° ÷ 2 = ☐°

235

05 정오각형에서 대각선을 그은 것이다. 각 ㄴㅁㄹ의 크기는 몇 도인지 구하시오.

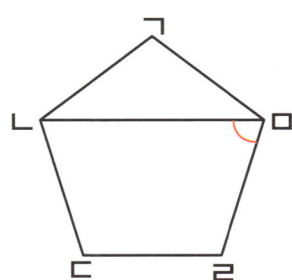

답 (   )°

[보기]   72   108   540

정오각형은 삼각형 3개로

나눌 수 있으므로

정오각형의 한 각의 크기는

$180° × 3 = 540°$,

    ° ÷ 5 = 108°이다.

삼각형 ㄱㄴㅁ은 이등변삼각형이므로

(각 ㄱㄴㅁ) + (각 ㄱㅁㄴ)

$= 180° -$ ° $= 72°$

(각 ㄱㅁㄴ) $= 72° ÷ 2 = 36°$

(각 ㄴㅁㄹ) $= 108° - 36° =$ °

06 정삼각형과 정육각형 모양 조각을 사용하여 사각형을 만들었다. 정육각형 모양 조각의 모든 변의 길이의 합이 24cm일 때, 모양 조각으로 만든 사각형의 모든 변의 길이의 합은 몇 cm인지 구하시오.

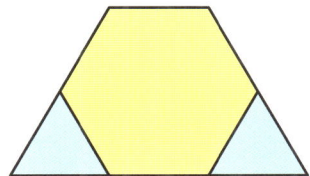

답 (   )cm

9주차

 [보기]　　6　8　32

정육각형은 6개의 변의 길이가

모두 같으므로

정육각형의 한 변의 길이

= 24 ÷ ☐ = 4 (cm)

모양 조각으로 만든 사각형의

모든 변의 길이의 합은

정육각형 모양 조각의 한 변의

길이의 ☐ 배이므로

4 × 8 = ☐ (cm)

07 다음과 같이 정팔각형 모양의 종이를 접었을 때, ㉠의 크기는 몇 도인지 구하시오.

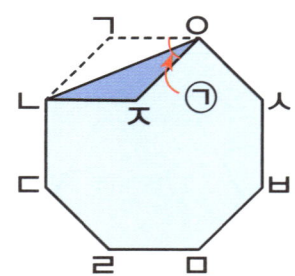

답 (   )°

 [보기]   8   45   135

정팔각형은 삼각형 6개로 나눌 수

있으므로 정팔각형의 한 각의 크기는

180° × 6 = 1080°,

1080° ÷ ☐ = 135°이다.

삼각형 ㅈㅇㄴ은 이등변삼각형이므로

(각 ㅈㄴㅇ) = (각 ㅈㅇㄴ)이고,

(각 ㅈㅇㄴ) = (각 ㄱㅇㄴ)이므로

㉠ = (각 ㄱㅇㄴ) + (각 ㅈㅇㄴ)

  = (각 ㅈㅇㄴ) + (각 ㅈㄴㅇ)

  = 180° − ° = °

08 1970년 멕시코 월드컵부터 사용된 축구공은 겉면이 정오각형 12조각과 정육각형 20조각으로 이루어져 있다. 다음과 같이 축구공의 굽은 면에 있는 정오각형과 정육각형을 평면에 펼치면 ㉠의 각도만큼 틈이 생긴다. ㉠의 크기는 몇 도인지 구하시오.

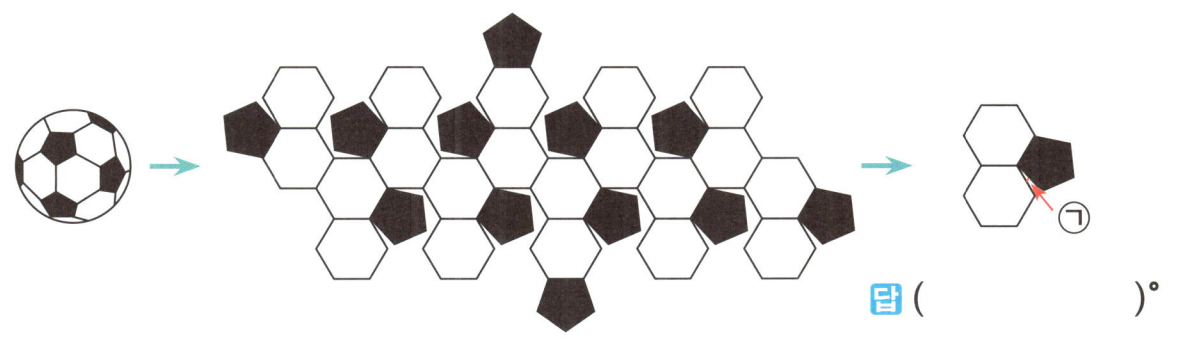

답 (   )°

9주차

 [보기]   4   12   540

정오각형은 삼각형 3개로 나눌 수

있으므로 정오각형의 한 각의 크기는

180° × 3 = 540°,

〔   〕° ÷ 5 = 108°이다.

정육각형은 삼각형 4개로 나눌 수

있으므로 정육각형의 한 각의 크기는

180° × 〔   〕 = 720°,

720° ÷ 6 = 120°이다.

㉠ = 360° − 120° − 120° − 108°

  = 〔   〕°

239

재미있게 배우고, 똑똑하게 자라는
다락원의 초등 학습 시리즈

〈하마랑 과학독해〉 시리즈

"독해력 향상을 위한 제대로 읽는 공부법"

과학 교과와 연관된 다양한 과학적 주제를 읽으면서 글을 정확하게 이해하고, 핵심 정보를 요약하는 능력을 길러 봐요. 글을 입체적으로 분석하고 자신의 생각을 명확하게 정리하여 표현할 수 있어요.

4학년 1학기: 210 x 297 | 124쪽 | 14,900원 　**4학년 2학기:** 210 x 297 | 116쪽 | 14,900원

〈원큐패스 초등 한국사능력검정시험 3-6급 대비〉

"웹툰처럼 재미있게 영상으로 배우는 리얼 한국사"

시험 빈출 키워드 마인드맵으로 자주 나오는 것만 빠르게 공부할 수 있도록 하였고 출제 키워드 연표로 역사의 흐름을 한번에 파악할 수 있어요.

210 x 297 | 314쪽 | 19,500원(무료 동영상)

〈뚝딱 그림으로!! 쿵쿵따 챈트로!! 자동암기 신비한자〉 시리즈

"공부와 놀이의 경계가 사라진 신나는 한자공부"

생생한 스토리텔링을 통해 미리 학습할 한자를 알아보고 한자가 만들어지는 과정을 그림으로 익힐 수 있어요. 교재 내 QR코드를 찍어 신나는 리듬에 맞춰 한자를 학습할 수 있어요.

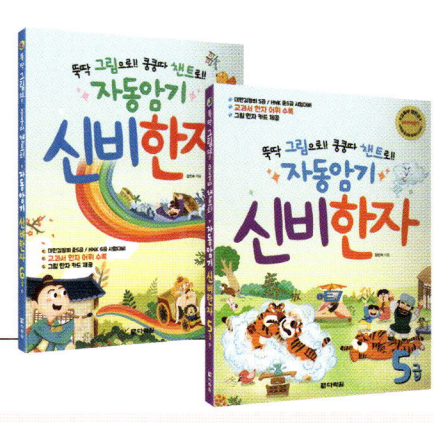

6급: 210 x 275 | 220쪽 | 15,800원 　**5급:** 210 x 275 | 246쪽 | 17,500원

초등 수학 문제 풀이 식 쓰기

정확히 식을 쓰면서 문제를 푸는 습관

수학 문제를 풀 때 단계별로 식을 정확히 쓰면서 푸는 연습은 반드시 필요해요.
이 책은 문제의 **풀이 과정을 직접 따라 쓰면서 스스로 식을 쓰는 방법**을 익힐 수 있도록 했어요.
서울대 선배들이 손글씨로 쓴 풀이 과정을 직접 따라 쓰면서 식을 세워 문제를 풀어 나가는 습관을 기르면
어떤 문제든 스스로 풀이 과정을 만들어 해결할 수 있다는 자신감이 생길 거예요!

(주)다락원 경기도 파주시 문발로 211
📞 (02)736-2031 (내용문의: 내선 291~296 / 구입문의: 내선 250~252)
📠 (02)732-2037
🖱 www.darakwon.co.kr
출판등록 1977년 9월 16일 제406-2008-000007호

정가 **19,500원**

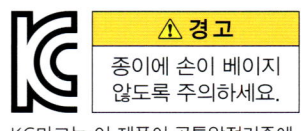

⚠ 경고
종이에 손이 베이지
않도록 주의하세요.

KC마크는 이 제품이 공통안전기준에
적합하였음을 의미합니다.

63410

9 788927 775362

ISBN 978-89-277-7536-2

똑바로 따라 쓰며 똑똑히 푸는

서울대 선배들의 똑똑필사

2022 개정 교육과정 반영

초등 수학 문제 풀이 式 식 쓰기

이윤원 저

정답 및 풀이

4-2

서울대 선배들의 똑똑필사

2022 개정 교육과정 반영

초등 수학 문제 풀이 식^式 쓰기

이윤원 저

정답 및 풀이

4-2

다락원

1 분수의 덧셈과 뺄셈

STEP 1
14~27 쪽

01 $8\frac{3}{7}$kg	02 $8\frac{1}{8}$	03 4개	04 2개
05 2개, $\frac{3}{5}$kg	06 4	07 $11\frac{5}{7}$cm	08 $12\frac{2}{6}$m
09 $10\frac{8}{9}$	10 $4\frac{1}{5}$	11 $20\frac{10}{13}$	12 112개
13 $\frac{10}{11}$kg	14 $4\frac{5}{10}$m		

STEP 2
28~41 쪽

01 $\frac{11}{17}$L	02 $9\frac{1}{12}$	03 3개	04 5개
05 2개, $\frac{3}{4}$m	06 $\frac{2}{6}$	07 $38\frac{4}{5}$cm	08 $7\frac{2}{4}$m
09 $7\frac{2}{7}$	10 $5\frac{1}{9}$	11 $11\frac{18}{19}$	12 102쪽
13 $\frac{7}{8}$kg	14 $3\frac{1}{10}$m		

STEP 3
42~49 쪽

01 $1\frac{4}{11}$	02 3개, 1kg	03 $\frac{1}{9}$kg	04 150쪽
05 $5\frac{1}{8}$	06 39	07 오후 1시 53분	08 $4\frac{9}{15}$cm

2 삼각형

STEP 1
52~65 쪽

01 10cm	02 80cm	03 6개	04 4개
05 11cm	06 110°	07 25°	08 30°
09 33cm	10 25°	11 12cm	12 75°
13 48cm	14 15°		

STEP 2
66~79 쪽

01 7	02 90cm	03 6개	04 3개
05 8cm	06 140°	07 50°	08 110°
09 47cm	10 35°	11 16cm	12 105°
13 40cm	14 15°		

STEP 3
80~87 쪽

01 9	02 90cm	03 20cm	04 10개
05 16cm	06 35°	07 75°	08 26cm

3 소수의 덧셈과 뺄셈

STEP 1
90~103 쪽

01 15.94	**02** 100배	**03** 1.81kg	**04** 5개
05 4.95	**06** 7.5	**07** 0.649	**08** 0.7kg
09 0.029m	**10** 15.99	**11** 2.895	**12** 13.03
13 1.225g	**14** 6.44km		

STEP 2
104~117 쪽

01 37.502	**02** 100배	**03** 4.21kg	**04** 5개
05 1.32	**06** 6.8	**07** 0.395	**08** 2.32kg
09 0.035m	**10** 8.02	**11** 2.48	**12** 9.74
13 2.39mm	**14** 5.56km		

STEP 3
118~125 쪽

01 6.44	**02** 7개	**03** 6.93	**04** 4.93L
05 10.26km	**06** 9.2	**07** 2.8kg	**08** 3개

4 사각형

STEP 1
128~141 쪽

01 30°	**02** 4cm	**03** 9cm	**04** 135°
05 120°	**06** 55cm	**07** 110°	**08** 105°
09 30°	**10** 115°	**11** 70°	**12** 25°
13 40°	**14** 30cm		

STEP 2
142~155 쪽

01 70°	**02** 11cm	**03** 65°	**04** 9cm
05 108°	**06** 68cm	**07** 100°	**08** 115°
09 25°	**10** 120°	**11** 70°	**12** 15°
13 130°	**14** 34cm		

STEP 3
156~163 쪽

01 40°	**02** 7	**03** 9개	**04** 75°
05 95°	**06** 85°	**07** 40°	**08** 72cm

5 꺾은선그래프

STEP 1
166~179 쪽

01 112명	**02** 8잔	**03** 10회	**04** 36000원
05 64시간	**06** 70명	**07** 140개	**08** 10칸
09 8점	**10** 200kg	**11** 880kg	**12** 75
13 1550mL	**14** 600m		

STEP 2
180~193 쪽

01 206명	**02** 4cm	**03** 20회	**04** 110000원
05 32분	**06** 0.5kg	**07** 140명	**08** 8칸
09 8초	**10** 76가구	**11** 6400대	**12** 300
13 160점	**14** 280m		

STEP 3
194~201 쪽

01 12시간 7분	**02** 12대	**03** 3번	**04** 124000원
05 0.4kg	**06** 9300개	**07** 5명	**08** 6점

6 다각형

STEP 1
204~217 쪽

01 108°	**02** 210°	**03** 30°	**04** 27개
05 30°	**06** 72cm	**07** 45°	**08** 64cm
09 1260°	**10** 45°	**11** 3cm	**12** 132°
13 108°	**14** 50°		

STEP 2
218~231 쪽

01 120°	**02** 135°	**03** 50°	**04** 35개
05 36°	**06** 63cm	**07** 40°	**08** 50cm
09 1080°	**10** 45°	**11** 4cm	**12** 125°
13 120°	**14** 48°		

STEP 3
232~239 쪽

01 4cm	**02** 8cm	**03** 14개	**04** 20°
05 72°	**06** 32cm	**07** 45°	**08** 12°

STEP 1   14~27 쪽

01   ($8\frac{3}{7}$)kg   난이도 하

자우네 가족이 딴 딸기의

무게

$= 5\frac{6}{7} + 2\frac{4}{7}$

$= 7\frac{10}{7}$

$= 8\frac{3}{7}$ (kg)

---

02   ($8\frac{1}{8}$)   난이도 하

㉠ 가장 큰 한 자리 수 :

9

㉡ 분모가 8인 가장 큰

진분수 : $\frac{7}{8}$

㉠ - ㉡

$= 9 - \frac{7}{8}$

$= 8\frac{8}{8} - \frac{7}{8}$

$= 8\frac{1}{8}$

---

03   (4)개   난이도 하

$\frac{4}{9} + \frac{\square}{9} = \frac{4+\square}{9}$ 이고,

덧셈의 계산 결과로

나올 수 있는 가장 큰

진분수는 $\frac{8}{9}$ 이다.

$\frac{4+\square}{9} = \frac{8}{9}$ 일 때

$4 + \square = 8$

$\square = 8 - 4 = 4$ 이므로

$\square$ 안에 들어갈 수 있는

수 : 1, 2, 3, 4 → 4개

---

04   (2)개   난이도 중

$\frac{4}{6} + \frac{\square}{6} = 1\frac{1}{6}$ 일 때

$\frac{4+\square}{6} = \frac{7}{6}$

$4 + \square = 7$

$\square = 7 - 4 = 3$ 이고,

$\frac{4}{6} + \frac{\square}{6}$ 는 $1\frac{1}{6}$ 보다

작아야 하므로

$\square$ 안에 들어갈 수 있는

수는 3보다 작은

1, 2 → 2개

$6\frac{1}{5} - 2\frac{4}{5}$

$= 5\frac{6}{5} - 2\frac{4}{5}$

$= 3\frac{2}{5}$,

$3\frac{2}{5} - 2\frac{4}{5}$

$= 2\frac{7}{5} - 2\frac{4}{5}$

$= \frac{3}{5}$

$\frac{3}{5}$에서 $2\frac{4}{5}$를 뺄 수 없으므로

감자를 상자 2개까지

담을 수 있고,

남는 감자는 $\frac{3}{5}$ kg이다.

어떤 수를 □라 하면

$\square - 1\frac{3}{4} = \frac{2}{4}$

$\square = \frac{2}{4} + 1\frac{3}{4}$

$\quad = 1\frac{5}{4}$

$\quad = 2\frac{1}{4}$

바르게 계산하면

$2\frac{1}{4} + 1\frac{3}{4}$

$= 3\frac{4}{4}$

$= 4$

07 ($11\frac{5}{7}$)cm

종이 3장의 길이의 합

$= 4 \times 3$

$= 12\,(cm)$

겹쳐진 부분의 길이의 합

$= \frac{1}{7} + \frac{1}{7}$

$= \frac{2}{7}\,(cm)$

이어 붙인 종이의 전체 길이

$= 12 - \frac{2}{7}$

$= 11\frac{7}{7} - \frac{2}{7}$

$= 11\frac{5}{7}\,(cm)$

08 ($12\frac{2}{6}$)m

긴 변의 길이

$= 1\frac{5}{6} + 2\frac{3}{6}$

$= 3\frac{8}{6}$

$= 4\frac{2}{6}\,(m)$

직사각형의 네 변의

길이의 합

$= 4\frac{2}{6} + 1\frac{5}{6} + 4\frac{2}{6} + 1\frac{5}{6}$

$= 10\frac{14}{6}$

$= 12\frac{2}{6}\,(m)$

09 ($10\frac{8}{9}$)

분모에 사용할 9를 제외하면

$2 < 3 < 5 < 8$

만들 수 있는

가장 큰 대분수 : $8\frac{5}{9}$

가장 작은 대분수 : $2\frac{3}{9}$

$8\frac{5}{9} + 2\frac{3}{9} = 10\frac{8}{9}$

10 ($4\frac{1}{5}$)

$$\frac{3}{5} \odot 1\frac{4}{5}$$
$$= \frac{3}{5} + 1\frac{4}{5} + 1\frac{4}{5}$$
$$= 2\frac{11}{5}$$
$$= 4\frac{1}{5}$$

11 ($20\frac{10}{13}$)

분모가 13인 대분수의

자연수 부분은 2부터

2씩 커지고,

분자는 1부터

1씩 커지는 규칙이다.

넷째: $8\frac{4}{13}$

다섯째: $10\frac{5}{13}$

여섯째: $12\frac{6}{13}$

$8\frac{4}{13} + 12\frac{6}{13} = 20\frac{10}{13}$

12 (112)개

동생과 친구에게 준

사탕은 전체의

$\frac{5}{8} + \frac{2}{8} = \frac{7}{8}$ 이다.

전체를 1로 보았을 때

남은 사탕은 전체의

$1 - \frac{7}{8} = \frac{1}{8}$ 이다.

전체의 $\frac{1}{8}$ 만큼이

14개이므로 처음에

가지고 있던 사탕은

$14 \times 8 = 112$ (개) 이다.

13 ($\frac{10}{11}$)kg

책 2권의 무게

$$= 4\frac{6}{11} - 2\frac{8}{11}$$
$$= 3\frac{17}{11} - 2\frac{8}{11}$$
$$= 1\frac{9}{11} \text{(kg)}$$

$1\frac{9}{11} = \frac{20}{11} = \frac{10}{11} + \frac{10}{11}$ 이므로

책 한 권의 무게

$$= \frac{10}{11} \text{(kg)}$$

14 ($4\frac{5}{10}$)m 난이도 **최상**

로하의 기록

$= 4\frac{3}{10} - 1\frac{7}{10}$

$= 3\frac{13}{10} - 1\frac{7}{10}$

$= 2\frac{6}{10}$ (m)

민교의 기록

$= 2\frac{6}{10} + 1\frac{9}{10}$

$= 3\frac{15}{10}$

$= 4\frac{5}{10}$ (m)

$4\frac{5}{10} > 4\frac{3}{10} > 2\frac{6}{10}$ 이므로

금메달 기록 : $4\frac{5}{10}$ m

STEP 2 28~41 쪽

01 ($\frac{11}{17}$)L 난이도

오늘 마신 주스의 양

$= \frac{3}{17} + \frac{5}{17}$

$= \frac{8}{17}$ (L)

어제와 오늘 마신

주스의 양

$= \frac{3}{17} + \frac{8}{17}$

$= \frac{11}{17}$ (L)

02 ($9\frac{1}{12}$) 난이도

㉠ 가장 작은 두 자리 수:

10

㉡ 분모가 12인 가장 큰

진분수 : $\frac{11}{12}$

㉠ - ㉡

$= 10 - \frac{11}{12}$

$= 9\frac{12}{12} - \frac{11}{12}$

$= 9\frac{1}{12}$

03 (3)개 난이도 하

$\dfrac{9}{13} + \dfrac{\square}{13} = \dfrac{9+\square}{13}$ 이고,

덧셈의 계산 결과로

나올 수 있는 가장 큰

진분수는 $\dfrac{12}{13}$ 이다.

$\dfrac{9+\square}{13} = \dfrac{12}{13}$ 일 때

$9 + \square = 12$

$\square = 12 - 9 = 3$ 이므로

$\square$ 안에 들어갈 수 있는

자연수 : 1, 2, 3 → 3개

05 (2)개, ($\dfrac{3}{4}$)m 난이도 중

$6\dfrac{1}{4} - 2\dfrac{3}{4}$

$= 5\dfrac{5}{4} - 2\dfrac{3}{4}$

$= 3\dfrac{2}{4}$,

$3\dfrac{2}{4} - 2\dfrac{3}{4}$

$= 2\dfrac{6}{4} - 2\dfrac{3}{4}$

$= \dfrac{3}{4}$

$\dfrac{3}{4}$ 에서 $2\dfrac{3}{4}$ 을 뺄 수 없으므로

상자를 2개까지

묶을 수 있고,

남는 끈은 $\dfrac{3}{4}$ m이다.

04 (5)개 난이도 중

$1\dfrac{5}{7} - \dfrac{\square}{7} = \dfrac{6}{7}$ 일 때

$\dfrac{12-\square}{7} = \dfrac{6}{7}$

$12 - \square = 6$

$\square = 12 - 6 = 6$ 이고,

$1\dfrac{5}{7} - \dfrac{\square}{7}$ 는 $\dfrac{6}{7}$ 보다

커야 하므로

$\square$ 안에 들어갈 수 있는

자연수는 6보다 작은

1, 2, 3, 4, 5 → 5개

06 ($\dfrac{2}{6}$) 난이도 중

어떤 수를 $\square$ 라 하면

$\square + 3\dfrac{5}{6} = 8$

$\square = 8 - 3\dfrac{5}{6}$

$\quad = 7\dfrac{6}{6} - 3\dfrac{5}{6}$

$\quad = 4\dfrac{1}{6}$

바르게 계산하면

$4\dfrac{1}{6} - 3\dfrac{5}{6}$

$= 3\dfrac{7}{6} - 3\dfrac{5}{6}$

$= \dfrac{2}{6}$

07 ($38\frac{4}{5}$)cm 난이도 중

종이 3장의 길이의 합

$= 14 \times 3 = 42$ (cm)

겹쳐진 부분의 길이의 합

$= 1\frac{3}{5} + 1\frac{3}{5}$

$= 2\frac{6}{5}$

$= 3\frac{1}{5}$ (cm)

이어 붙인 종이의 전체 길이

$= 42 - 3\frac{1}{5}$

$= 41\frac{5}{5} - 3\frac{1}{5}$

$= 38\frac{4}{5}$ (cm)

08 ($7\frac{2}{4}$)m 난이도 상

짧은 변의 길이

$= 2\frac{1}{4} - \frac{3}{4}$

$= 1\frac{5}{4} - \frac{3}{4}$

$= 1\frac{2}{4}$ (m)

직사각형의 네 변의

길이의 합

$= 2\frac{1}{4} + 1\frac{2}{4} + 2\frac{1}{4} + 1\frac{2}{4}$

$= 6\frac{6}{4}$

$= 7\frac{2}{4}$ (m)

09 ($7\frac{2}{7}$) 난이도 상

분모에 사용할 7을 제외하면

$1 < 4 < 6 < 8$

만들 수 있는

가장 큰 대분수 : $8\frac{6}{7}$

가장 작은 대분수 : $1\frac{4}{7}$

$8\frac{6}{7} - 1\frac{4}{7} = 7\frac{2}{7}$

10 ($5\frac{1}{9}$) 난이도 상

$1\frac{4}{9} \diamondsuit 8$

$= 8 - 1\frac{4}{9} - 1\frac{4}{9}$

$= 7\frac{9}{9} - 1\frac{4}{9} - 1\frac{4}{9}$

$= 6\frac{5}{9} - 1\frac{4}{9}$

$= 5\frac{1}{9}$

11 ($11\frac{18}{19}$)

난이도 상

분모가 19인 대분수의
자연수 부분은 1부터
1씩 커지고,
분자는 18부터
2씩 작아지는 규칙이다.

넷째 : $4\frac{12}{19}$

다섯째 : $5\frac{10}{19}$

여섯째 : $6\frac{8}{19}$

$5\frac{10}{19} + 6\frac{8}{19} = 11\frac{18}{19}$

12 (102)쪽

난이도 상

어제와 오늘 읽은
쪽수는 전체의
$\frac{2}{6} + \frac{3}{6} = \frac{5}{6}$ 이다.

전체를 1로 보았을 때

남은 쪽수는 전체의
$1 - \frac{5}{6} = \frac{1}{6}$ 이다.

전체의 $\frac{1}{6}$ 만큼이
17쪽이므로 전체 쪽수는
$17 \times 6 = 102$ (쪽)이다.

13 ($\frac{7}{8}$)kg

난이도 최상

병 2개의 무게
$= 3\frac{1}{8} - 1\frac{3}{8}$
$= 2\frac{9}{8} - 1\frac{3}{8}$
$= 1\frac{6}{8}$ (kg)

$1\frac{6}{8} = \frac{14}{8} = \frac{7}{8} + \frac{7}{8}$ 이므로

병 한 개의 무게
$= \frac{7}{8}$ (kg)

14 ($3\frac{1}{10}$)m

난이도 최상

우주의 기록
$= 3\frac{7}{10} - 1\frac{9}{10}$
$= 2\frac{17}{10} - 1\frac{9}{10}$
$= 1\frac{8}{10}$ (m)

태하의 기록
$= 1\frac{8}{10} + 1\frac{3}{10}$
$= 2\frac{11}{10}$
$= 3\frac{1}{10}$ (m)

$3\frac{7}{10} > 3\frac{1}{10} > 1\frac{8}{10}$ 이므로

은메달 기록 : $3\frac{1}{10}$ m

STEP 3   **42~49** 쪽

01 ($1\frac{4}{11}$)   난이도 하

분모가 11인 진분수 중에서

$\frac{6}{11}$ 보다 작은 분수 :

$\frac{1}{11}, \frac{2}{11}, \frac{3}{11}, \frac{4}{11}, \frac{5}{11}$

$\frac{1}{11} + \frac{2}{11} + \frac{3}{11} + \frac{4}{11} + \frac{5}{11}$

$= \frac{15}{11}$

$= 1\frac{4}{11}$

02 (**3**)개, (**1**)kg   난이도 중

$8\frac{1}{14} - 2\frac{5}{14}$

$= 7\frac{15}{14} - 2\frac{5}{14}$

$= 5\frac{10}{14}$,

$5\frac{10}{14} - 2\frac{5}{14}$

$= 3\frac{5}{14}$,

$3\frac{5}{14} - 2\frac{5}{14}$

$= 1$

1에서 $2\frac{5}{14}$ 를 뺄 수

없으므로 빵을 3개까지

만들 수 있고,

남는 밀가루는 1kg이다.

03 ($\frac{1}{9}$)kg   난이도 중

고구마의 무게

$= 5 - 4\frac{7}{9}$

$= 4\frac{9}{9} - 4\frac{7}{9}$

$= \frac{2}{9}$ (kg)

당근의 무게

$= \frac{2}{9} - \frac{1}{9}$

$= \frac{1}{9}$ (kg)

04 (150)쪽 난이도 중

어제와 오늘 읽은
쪽수는 전체의
$\frac{2}{15} + \frac{7}{15} = \frac{9}{15}$ 이다.
전체의 $\frac{9}{15}$ 만큼이
90쪽이므로 전체의 $\frac{1}{15}$ 은
$90 \div 9 = 10$ (쪽)이고,
전체 쪽수는
$10 \times 15 = 150$ (쪽)이다.

05 ($5\frac{1}{8}$) 난이도 상

잘못하여 뺀 분수는
$3\frac{1}{8}$ 의 자연수 부분과
분자를 바꾼 $1\frac{3}{8}$ 이다.
어떤 수를 □라 하면
$\square - 1\frac{3}{8} = 6\frac{7}{8}$
$\square = 6\frac{7}{8} + 1\frac{3}{8}$
$\quad = 7\frac{10}{8}$
$\quad = 8\frac{2}{8}$
바르게 계산하면
$8\frac{2}{8} - 3\frac{1}{8} = 5\frac{1}{8}$

06 (39) 난이도 상

분모가 14인 대분수의
자연수 부분은 1부터
2씩 커지고,
분자는 2부터
2씩 커지는 규칙이다.
$1\frac{2}{14} + 3\frac{4}{14} + 5\frac{6}{14} + 7\frac{8}{14}$
$+ 9\frac{10}{14} + 11\frac{12}{14}$
$= 36\frac{42}{14}$
$= 39$

07 오후 (**1**)시 (**53**)분

난이도 상

10월 1일 오후 2시부터

10월 5일 오후 2시까지

4일 동안 느려지는 시간

$= 1\frac{3}{4} + 1\frac{3}{4} + 1\frac{3}{4} + 1\frac{3}{4}$

$= 4\frac{12}{4}$

$= 7$(분)

10월 5일 오후 2시에

이 시계가 가리키는 시각

= 오후 2시 − 7분

= 오후 1시 53분

08 ($4\frac{9}{15}$)cm

난이도 최상

한 시간은 20분의 3배이므로

한 시간 동안 타는

양초의 길이

$= 2\frac{7}{15} + 2\frac{7}{15} + 2\frac{7}{15}$

$= 6\frac{21}{15}$

$= 7\frac{6}{15}$ (cm)

한 시간이 지난 후 남은

양초의 길이

$= 12 - 7\frac{6}{15}$

$= 11\frac{15}{15} - 7\frac{6}{15}$

$= 4\frac{9}{15}$ (cm)

01 (10)cm

난이도 하

이등변삼각형이므로

(변 ㄴㄷ) = (변 ㄱㄷ)

14 + (변 ㄴㄷ) + (변 ㄱㄷ)

= 34

(변 ㄴㄷ) + (변 ㄱㄷ)

= 34 - 14 = 20

(변 ㄴㄷ) = 20 ÷ 2 = 10 (cm)

02 (80)cm

난이도 하

정삼각형의 한 변

= 30 ÷ 3 = 10 (cm)

파란색 선의 길이는

정삼각형의 한 변의

8배이므로

파란색 선의 길이

= 10 × 8 = 80 (cm)

03 (6)개

난이도 하

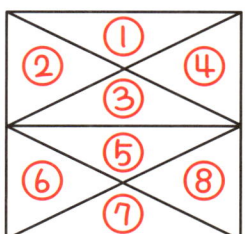

작은 삼각형 1개짜리:

②, ④, ⑥, ⑧ → 4개

작은 삼각형 4개짜리:

② + ③ + ⑤ + ⑥,

④ + ③ + ⑤ + ⑧ → 2개

4 + 2 = 6 (개)

04 (4)개

난이도 중

1m = 100cm 이고,
한 변이 7cm인
정삼각형 한 개를
만드는 데 필요한 끈의 길이는
7 × 3 = 21(cm)이다.
100 ÷ 21 = 4 … 16이므로
정삼각형을 4개까지
만들고 16cm가 남는다.

05 (11)cm

난이도 중

이등변삼각형의
나머지 한 변은
10cm이므로
이등변삼각형의 세 변의
길이의 합
= 10 + 13 + 10 = 33(cm)
정삼각형의 한 변
= 33 ÷ 3 = 11(cm)

06 (110)°

난이도 중

이등변 삼각형 ㄱㄴㄷ에서
(각 ㄴㄱㄷ) = (각 ㄴㄷㄱ)
(각 ㄴㄱㄷ) + (각 ㄴㄷㄱ)
= 180° − 40° = 140°
(각 ㄴㄱㄷ) = 140° ÷ 2 = 70°
□ = 180° − 70° = 110°

07 (25)°

난이도 중

원의 반지름의 길이는 모두
같으므로 삼각형 ㄱㄴㅇ은
이등변 삼각형이다.
(각 ㄱㅇㄴ) = 180° − 50° = 130°
(각 ㄴㄱㅇ) + (각 ㄱㄴㅇ)
= 180° − 130° = 50°
(각 ㄴㄱㅇ) = 50° ÷ 2 = 25°

08 (30)° 난이도 상

정삼각형 ㄱㄴㄷ에서
(각 ㄱㄷㄴ) = 60°
(각 ㄱㄷㄹ) = 180° - 60° = 120°
이등변삼각형 ㄱㄷㄹ에서
(각 ㄷㄱㄹ) + (각 ㄷㄹㄱ)
= 180° - 120° = 60°
(각 ㄷㄱㄹ) = 60° ÷ 2 = 30°

10 (25)° 난이도 상

이등변삼각형 ㄹㄴㄷ에서
(각 ㄹㄴㄷ) + (각 ㄹㄷㄴ)
= 180° - 110° = 70°
(각 ㄹㄷㄴ) = 70° ÷ 2 = 35°
정삼각형 ㄱㄴㄷ에서
(각 ㄱㄷㄴ) = 60°
(각 ㄱㄷㄹ) = 60° - 35° = 25°

09 (33)cm 난이도 상

정삼각형이므로
(변 ㄱㄴ) = (변 ㄴㄷ) = (변 ㄱㄷ)
= 13cm
(변 ㄹㅁ) = (변 ㄱㅁ) = (변 ㄱㄹ)
= 6cm
(변 ㄹㄴ) = (변 ㅁㄷ) = 13 - 6
= 7 (cm)
사각형 ㄹㄴㄷㅁ의 네 변의
길이의 합
= 7 + 13 + 7 + 6 = 33 (cm)

11 (12)cm 난이도 상

이등변삼각형 ㄱㄷㄹ에서
(변 ㄷㄹ) = (변 ㄱㄹ) = 8cm
사각형의 네 변의 길이의 합
(변 ㄱㄴ) + (변 ㄴㄷ) + 8 + 8
= 40 이므로
(변 ㄱㄴ) + (변 ㄴㄷ)
= 40 - 8 - 8 = 24 (cm)
삼각형 ㄱㄴㄷ은 정삼각형이므로
(변 ㄱㄴ) = 24 ÷ 2 = 12 (cm)

12 (75)°

난이도 상

정삼각형 ㄱㄴㄷ에서
(각 ㄱㄷㄴ) = 60°
삼각형 ㅁㄴㄹ은 한 각이
직각인 이등변삼각형이므로
(각 ㅁㄴㄹ) + (각 ㄴㅁㄹ)
= 180° - 90° = 90°
(각 ㅁㄴㄹ) = 90° ÷ 2 = 45°
삼각형 ㅂㄴㄷ에서
(각 ㄴㅂㄷ)
= 180° - 45° - 60° = 75°

14 (15)°

난이도 최상

정삼각형 ㄹㄷㅁ에서
(각 ㄷㄹㅁ) = 60°,
(변 ㄹㄷ) = (변 ㄹㅁ)
정사각형 ㄱㄴㄷㄹ에서
(변 ㄱㄹ) = (변 ㄹㄷ)이므로
삼각형 ㄱㄹㅁ은 이등변삼각형이다.
(각 ㄱㄹㅁ) = 90° + 60° = 150°
(각 ㄹㄱㅁ) + (각 ㄹㅁㄱ)
= 180° - 150° = 30°
(각 ㄹㅁㄱ) = 30° ÷ 2 = 15°

13 (48)cm

난이도 최상

정삼각형 ㄷㅁㅂ의 세 변의
길이의 합 = 10 × 3 = 30 (cm)
이등변삼각형 ㄱㄴㄷ에서
(변 ㄱㄷ) = (변 ㄱㄴ) = 8cm
(변 ㄴㄷ) = 30 - 8 - 8 = 14 (cm)
(변 ㄴㄹ) = (변 ㄷㅁ) = 10cm
(변 ㄹㅁ) = (변 ㄴㄷ) = 14cm
사각형 ㄴㄹㅁㄷ의 네 변의
길이의 합
= 10 + 14 + 10 + 14 = 48 (cm)

01 (ㄱ) 난이도 하

이등변삼각형이므로

(변ㄱㄷ)=(변ㄱㄴ)=8cm

8+□+8=23

□=23-8-8=7

02 (90)cm 난이도 하

정삼각형의 한 변

=27÷3=9(cm)

파란색 선의 길이는

정삼각형의 한 변의

10배이므로

파란색 선의 길이

=9×10=90(cm)

03 (6)개 난이도 하

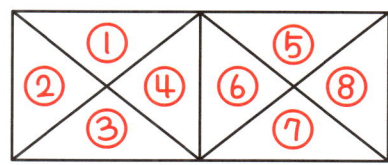

작은 삼각형 1개짜리 :

①, ③, ⑤, ⑦ → 4개

작은 삼각형 4개짜리 :

①+④+⑥+⑤,

③+④+⑥+⑦ → 2개

4+2=6 (개)

04 (3)개 난이도 중

1m=100cm이고,

한 변이 9cm인

정삼각형 한 개를

만드는 데 필요한 끈의 길이는

9×3=27(cm)이다.

100÷27=3…19이므로

정삼각형을 3개까지

만들고 19cm가 남는다.

05 (**8**)cm 난이도 중

이등변삼각형의
나머지 한 변은
7cm이므로
이등변삼각형의 세 변의
길이의 합
= 7 + 10 + 7 = 24 (cm)
정삼각형의 한 변
= 24 ÷ 3 = 8 (cm)

06 (**140**)° 난이도 중

이등변삼각형 ㄱㄴㄷ에서
(각 ㄱㄴㄷ) = (각 ㄱㄷㄴ)
(각 ㄱㄴㄷ) + (각 ㄱㄷㄴ)
= 180° - 100° = 80°
(각 ㄱㄷㄴ) = 80° ÷ 2 = 40°
㉠ = 180° - 40° = 140°

07 (**50**)° 난이도 중

원의 반지름의 길이는 오두
같으므로 삼각형 ㄱㄴㅇ은
이등변삼각형이다.
(각 ㄱㅇㄴ) = 180° - 100° = 80°
(각 ㄴㄱㅇ) + (각 ㄱㄴㅇ)
= 180° - 80° = 100°
(각 ㄴㄱㅇ) = 100° ÷ 2 = 50°

08 (**110**)° 난이도 상

정삼각형 ㄱㄴㄷ에서
(각 ㄴㄱㄷ) = 60°
(각 ㄷㄱㄹ) = 95° - 60° = 35°
이등변삼각형 ㄱㄷㄹ에서
(각 ㄱㄷㄹ) = (각 ㄷㄱㄹ) = 35°
(각 ㄱㄹㄷ)
= 180° - 35° - 35° = 110°

09 (**47**)cm

정삼각형이므로

(변 ㄱㄴ) = (변 ㄱㄷ) = (변 ㄴㄷ)

= 18 cm

(변 ㄴㅁ) = (변 ㄹㅁ) = (변 ㄹㄴ)

= 7 cm

(변 ㄱㄹ) = (변 ㅁㄷ) = 18 - 7

= 11 (cm)

사각형 ㄱㄹㅁㄷ의 네 변의

길이의 합

= 11 + 7 + 11 + 18 = 47 (cm)

11 (**16**)cm

정삼각형 ㄱㄷㄹ에서

(변 ㄷㄹ) = (변 ㄱㄹ) = 11 cm

사각형의 네 변의 길이의 합

(변 ㄱㄴ) + (변 ㄴㄷ) + 11 + 11

= 54 이므로

(변 ㄱㄴ) + (변 ㄴㄷ)

= 54 - 11 - 11 = 32 (cm)

삼각형 ㄱㄴㄷ은

이등변삼각형이므로

(변 ㄱㄴ) = 32 ÷ 2 = 16 (cm)

10 (**35**)°

이등변삼각형 ㄹㄴㄷ에서

(각 ㄹㄴㄷ) + (각 ㄹㄷㄴ)

= 180° - 130° = 50°

(각 ㄹㄴㄷ) = 50° ÷ 2 = 25°

정삼각형 ㄱㄴㄷ에서

(각 ㄱㄴㄷ) = 60°

(각 ㄱㄴㄹ) = 60° - 25° = 35°

12 (105)°   난이도 상

이등변삼각형 ㄱㄴㄷ에서

(각 ㄴㄱㄷ) + (각 ㄴㄷㄱ)

= 180° − 90° = 90°

(각 ㄴㄷㄱ) = 90° ÷ 2 = 45°

삼각형 ㅁㄴㄹ에서

(각 ㅁㄴㄹ)

= 180° − 60° − 90° = 30°

삼각형 ㅂㄴㄷ에서

(각 ㄴㅂㄷ)

= 180° − 30° − 45° = 105°

13 (40)cm   난이도 최상

정삼각형 ㄱㄴㄷ의 세 변의

길이의 합 = 12 × 3 = 36 (cm)

이등변삼각형 ㄷㅁㅂ에서

(변 ㄷㅂ) = (변 ㅁㅂ) = 14cm

(변 ㄷㅁ) = 36 − 14 − 14 = 8 (cm)

(변 ㄴㄹ) = (변 ㄷㅁ) = 8 cm

(변 ㄹㅁ) = (변 ㄴㄷ) = 12cm

사각형 ㄴㄹㅁㄷ의 네 변의

길이의 합

= 8 + 12 + 8 + 12 = 40 (cm)

14 (**15**)°

난이도 **최상**

정삼각형 ㄱㄴㄷ에서

(각 ㄴㄱㄷ)=60°,

(변 ㄱㄴ)=(변 ㄱㄷ)

정사각형 ㄱㄷㄹㅁ에서

(변 ㄱㄷ)=(변 ㄱㅁ) 이므로

삼각형 ㄱㄴㅁ은 이등변삼각형이다.

(각 ㄴㄱㅁ)=60°+90°=150°

(각 ㄱㄴㅁ)+(각 ㄱㅁㄴ)

=180°-150°=30°

(각 ㄱㄴㅁ)=30°÷2=15°

STEP 3   80~87 쪽

01 (**9**)

난이도 **하**

이등변삼각형은 두 변의

길이가 같으므로

□+7+□=25

□+□=25-7=18

□=18÷2=9

02 (**90**)cm

난이도 **중**

정삼각형의 한 변

=45÷3=15(cm)

파란색 선의 길이는

정삼각형의 한 변의

6배 이므로

파란색 선의 길이

=15×6=90(cm)

03 (**20**)cm
난이도 중

이등변 삼각형은 두 변의
길이가 같으므로

(변 ㄱㄴ) = (변 ㄱㄷ) = 9cm

9 + (변 ㄴㄷ) + 9 = 30

(변 ㄴㄷ) = 30 − 9 − 9 = 12 (cm)

(변 ㄹㅁ) = (변 ㄹㅂ) = 11 cm

11 + (변 ㅁㅂ) + 11 = 30

(변 ㅁㅂ) = 30 − 11 − 11 = 8 (cm)

(변 ㄴㄷ) + (변 ㅁㅂ)

= 12 + 8 = 20 (cm)

04 (**10**)개
난이도 중

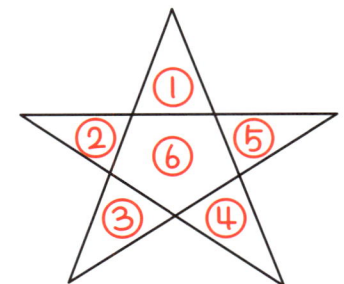

예각 삼각형 :

①, ②, ③, ④, ⑤ → 5 개

둔각 삼각형 :

① + ⑥ + ③ , ① + ⑥ + ④ ,

② + ⑥ + ④ , ② + ⑥ + ⑤ ,

③ + ⑥ + ⑤ → 5 개

5 + 5 = 10 (개)

05 (**16**)cm

(각 ㄱㄴㄹ) = 60°

(각 ㄹㄴㄷ) = 90° - 60° = 30°

삼각형 ㄱㄴㄷ에서

(각 ㄱㄷㄴ)

= 180° - 60° - 90° = 30°

삼각형 ㄹㄴㄷ은

이등변삼각형이므로

(변 ㄹㄴ) = (변 ㄹㄷ) = 8 cm

(변 ㄱㄹ) = (변 ㄹㄴ) = 8 cm

(변 ㄱㄷ) = 8 + 8 = 16(cm)

06 (**35**)°

이등변삼각형 ㄱㄴㄷ에서

(각 ㄱㄷㄴ) = (각 ㄱㄴㄷ) = 70°

(각 ㄱㄷㄹ) = 180° - 70° = 110°

이등변삼각형 ㄱㄷㄹ에서

(각 ㄷㄱㄹ) + (각 ㄷㄹㄱ)

= 180° - 110° = 70°

(각 ㄷㄱㄹ) = 70° ÷ 2 = 35°

07 (75)°

난이도
상

삼각형 ㄱㄴㄷ은

(변 ㄱㄴ)=(변 ㄱㄷ)인

이등변삼각형이므로

(각 ㄱㄷㄴ)= (각 ㄱㄴㄷ)=65°

삼각형 ㅁㄷㄹ은

(변 ㄷㄹ)=(변 ㅁㄹ)인

이등변삼각형이므로

(각 ㅁㄷㄹ)= (각 ㄷㅁㄹ)=40°

(각 ㄱㄷㅁ)

=180°-65°-40°=75°

08 (26)cm

난이도
최상

이등변삼각형 ㄱㄴㄷ에서

(변 ㄱㄷ)=(변 ㄱㄴ)=10 cm

(변 ㄴㄷ)=25-10-10=5(cm)

이등변삼각형 ㄹㄴㄷ에서

(변 ㄹㄴ)+(변 ㄹㄷ)

=11-5=6 (cm)

(변 ㄹㄴ)=(변 ㄹㄷ)=6÷2=3(cm)

색칠한 도형의 모든 변의

길이의 합

=10+3+3+10=26 (cm)

01 (15.94)   난이도 하

1이 15개이면 15,

$\frac{1}{10}$(=0.1)이 9개이면

0.9,

$\frac{1}{100}$(=0.01)이 4개이면

0.04이므로

설명하는 수는

15.94이다.

02 (100)배   난이도하

㉠은 일의 자리 숫자이므로

7을 나타내고,

㉡은 소수 둘째 자리

숫자이므로 0.07을

나타낸다.

7은 0.07의 100배이므로

㉠이 나타내는 수는

㉡이 나타내는 수의

100배이다.

03 (1.81)kg   난이도 하

1g = 0.001 kg 이므로

450g = 0.45kg

할머니가 캔 감자의 무게

= 0.68 + 0.45

= 1.13 (kg)

우주와 할머니가 캔

감자의 무게

= 0.68 + 1.13

= 1.81 (kg)

04 (5)개

난이도 중

자연수 부분은 0,

소수 첫째 자리 수는 5로

각각 같고

소수 셋째 자리 수가

$8 < 9$ 이므로

□는 4와 같거나

4보다 작아야 한다.

□ 안에 들어갈 수

있는 수 :

$0, 1, 2, 3, 4 \rightarrow$ 5개

05 (4.95)

난이도 중

$2 < 5 < 7$

만들 수 있는

소수 두 자리 수 중에서

가장 큰 수 : 7.52

가장 작은 수 : 2.57

$7.52 - 2.57 = 4.95$

06 (7.5)

난이도 중

어떤 수를 □라 하면

$□ - 0.8 = 5.9$

$□ = 5.9 + 0.8$

$= 6.7$

바르게 계산하면

$6.7 + 0.8 = 7.5$

07 (0.649)

난이도 중

어떤 수를 10배 한 수는

1이 4개이면 4,

0.1이 23개이면 2.3,

0.01이 19개이면

0.19이므로 6.49이다.

어떤 수는 6.49의

$\frac{1}{10}$이므로 0.649이다.

08 (0.7)kg

난이도 상

책 1권의 무게

=9.6 - 8.71

=0.89 (kg)

책 10권의 무게는

책 1권의 무게인

0.89 kg 의 10배이므로

8.9 kg 이다.

빈 상자의 무게

=9.6 - 8.9

= 0.7 (kg)

09 (0.029)m

난이도 상

첫 번째로 튀어 오른 공의

높이는 29m의 $\frac{1}{10}$ 이므로

2.9m 이다.

두 번째로 튀어 오른 공의

높이는 2.9m의 $\frac{1}{10}$ 이므로

0.29m 이다.

세 번째로 튀어 오른 공의

높이는 0.29 m 의 $\frac{1}{10}$ 이므로

0.029m 이다.

10 (15.99) 난이도 상

7.9와 8 사이를 10등분 했으므로 작은 눈금 한 칸의 크기는 0.01 이다.

㉠은 7.9에서 오른쪽으로 작은 눈금 3칸만큼 더 간 수이므로 7.93이고,

㉡은 8에서 오른쪽으로 작은 눈금 6칸만큼 더 간 수이므로 8.06 이다.

7.93 + 8.06 = 15.99

11 (2.895) 난이도 상

2.97 + 2.164 = 5.134 이므로

8.03 - □ > 5.134

8.03 - □ = 5.134 일 때

□ = 8.03 - 5.134

 = 2.896

8.03 - □는 5.134보다 커야 하므로 □는 2.896보다 작아야 한다.

□ 안에 들어갈 수 있는 가장 큰 소수 세 자리 수:

2.895

12 (13.03) 난이도 상

9.13 - 6.53 = 2.6

6.53에서 2번 뛰어 세어

2.6이 커졌고,

2.6 = 1.3 + 1.3 이므로

1.3씩 뛰어 센 것이다.

㉠은 9.13에서 1.3씩

3번 뛰어 센 수이므로

9.13 + 1.3 + 1.3 + 1.3

= 13.03 이다.

13 (1.225)g 난이도 최상

아침에 섭취한 나트륨 양

= 0.48 + 0.035

= 0.515 (g)

점심에 섭취한 나트륨 양

= 0.5 + 0.21

= 0.71 (g)

0.515 + 0.71 = 1.225 (g)

14 (6.44)km 난이도 최상

1시간 = 30분 + 30분

㉠ 자동차가 한 시간 동안

달리는 거리

= 1.75 + 1.75 = 3.5 (km)

1시간 = 20분 + 20분 + 20분

㉡ 자동차가 한 시간 동안

달리는 거리

= 0.98 + 0.98 + 0.98

= 2.94 (km)

서로 반대 방향으로 달리므로

3.5 + 2.94 = 6.44 (km)

STEP 2 104~117 쪽

01 (37.502)
난이도 하

10이 3개이면 30,

1이 7개이면 7,

$\frac{1}{10}$(=0.1)이 5개이면

0.5,

$\frac{1}{1000}$(=0.001)이 2개이면

0.002이므로

설명하는 수는

37.502이다.

02 (100)배
난이도 하

㉠은 소수 첫째 자리

숫자이므로 0.6을 나타내고,

㉡은 소수 셋째 자리

숫자이므로 0.006을

나타낸다.

0.6은 0.006의

100배이므로

㉠이 나타내는 수는

㉡이 나타내는 수의

100배이다.

03 (4.21)kg 난이도 하

1g = 0.001 kg 이므로

1450g = 1.45 kg

미소가 사용한 쌀의 양

= 2.83 - 1.45

= 1.38 (kg)

연서와 미소가 사용한

쌀의 양

= 2.83 + 1.38

= 4.21 (kg)

04 (5)개 난이도 중

자연수 부분은 5,

소수 첫째 자리 수는 1로

각각 같고

소수 셋째 자리 수가

6 < 7 이므로

□ 는 4 보다 커야 한다.

□ 안에 들어갈 수

있는 수 :

5, 6, 7, 8, 9 → 5개

05 (1.32) 난이도 중

0 < 4 < 8

만들 수 있는 1보다 작은

소수 두 자리 수 중에서

가장 큰 수 : 0.84

가장 작은 수 : 0.48

0.84 + 0.48 = 1.32

06 (6.8) 난이도 중

어떤 수를 □라 하면

□+8.57 = 23.94

□ = 23.94 - 8.57

$\quad$ = 15.37

바르게 계산하면

15.37 - 8.57 = 6.8

---

07 (0.395) 난이도 중

어떤 수를 10배 한 수는

1이 2개이면 2,

0.1이 17개이면 1.7,

0.01이 25개이면

0.25 이므로 3.95 이다.

어떤 수는 3.95의

$\frac{1}{10}$ 이므로 0.395 이다.

---

08 (2.32)kg 난이도 상

공 1개의 무게

= 5.02 - 4.75

= 0.27 (kg)

공 10개의 무게는

공 1개의 무게인

0.27kg의 10배이므로

2.7kg 이다.

빈 상자의 무게

= 5.02 - 2.7

= 2.32 (kg)

09 (0.035)m 난이도 상

첫 번째로 튀어 오른 공의 높이는 35 m의 $\frac{1}{10}$이므로 3.5 m이다.

두 번째로 튀어 오른 공의 높이는 3.5 m의 $\frac{1}{10}$이므로 0.35 m이다.

세 번째로 튀어 오른 공의 높이는 0.35 m의 $\frac{1}{10}$이므로 0.035 m이다.

10 (8.02) 난이도 상

3.9와 4 사이를 10등분 했으므로 작은 눈금 한 칸의 크기는 0.01이다.

㉠은 3.9에서 오른쪽으로 작은 눈금 7칸만큼 더 간 수이므로 3.97이고,

㉡은 4에서 오른쪽으로 작은 눈금 5칸만큼 더 간 수이므로 4.05이다.

3.97 + 4.05 = 8.02

11 (2.48)

난이도 상

9.52 − 2.37 = 7.15 이므로

4.68 + □ > 7.15

4.68 + □ = 7.15일 때

□ = 7.15 − 4.68

  = 2.47

4.68 + □는 7.15 보다

커야 하므로 □는

2.47보다 커야 한다.

□ 안에 들어갈 수 있는

가장 작은 소수 두 자리 수:

2.48

12 (9.74)

난이도 상

7.34 − 3.74 = 3.6

3.74 에서 3번 뛰어 세어

3.6이 커졌고,

3.6 = 1.2 + 1.2 + 1.2 이므로

1.2 씩 뛰어 센 것이다.

㉠은 7.34 에서 1.2 씩

2번 뛰어 센 수이므로

7.34 + 1.2 + 1.2

= 9.74 이다.

13 (2.39)mm

난이도 최상

각 지역의 1년 동안 높아진

해수면 높이를 구하면

㉡ 지역

= 2.01 + 0.6 = 2.61 (mm)

㉢ 지역

= 2.61 − 0.8 = 1.81 (mm)

㉣ 지역

= 1.81 + 0.58 = 2.39 (mm)

14 (5.56)km

1시간 = 20분 + 20분 + 20분

㉠ 버스가 한 시간 동안

달리는 거리

= 0.86 + 0.86 + 0.86

= 2.58 (km)

1시간 = 30분 + 30분

㉡ 버스가 한 시간 동안

달리는 거리

= 1.49 + 1.49 = 2.98 (km)

서로 반대 방향으로 달리므로

2.58 + 2.98 = 5.56 (km)

STEP 3 118~125 쪽

01 (6.44)

6.4와 6.5 사이를 10등분

했으므로 작은 눈금 한 칸의

크기는 0.01이다.

㉠은 6.4에서 오른쪽으로

작은 눈금 4칸만큼 더

간 수이므로 6.44이다.

02 (7)개

3.74 + 3.95 = 7.69이므로

7.69 > 7.□8

자연수 부분은 7로 같고

소수 둘째 자리 수가

9 > 8이므로

□는 6과 같거나

6보다 작아야 한다.

□ 안에 들어갈 수

있는 수 :

0, 1, 2, 3, 4, 5, 6

→ 7개

03 (6.93)

2 < 6 < 9
만들 수 있는
소수 두 자리 수 중에서
가장 큰 수 : 9.62
가장 작은 수 : 2.69
9.62 − 2.69 = 6.93

04 (4.93)L

사용하고 남은 물의 양
= 3.46 − 1.59
= 1.87 (L)
수조를 가득 채우려면
더 부어야 하는 물의 양
= 6.8 − 1.87
= 4.93 (L)

05 (10.26)km

㉠에서 ㉣까지의 거리
= 4.8 + 5.63 − 1.9
= 10.43 − 1.9
= 8.53 (km)
㉠에서 ㉤까지의 거리
= 8.53 + 1.73
= 10.26 (km)

06 (9.2)

어떤 수를 □라 하면
□ − 4.6 = 3.58
□ = 3.58 + 4.6
　 = 8.18
바르게 계산하면
8.18 + 4.6 = 12.78
바르게 계산한 결과와
잘못 계산한 결과의 차
= 12.78 − 3.58
= 9.2

07 (2.8)kg

우유 10병의 무게

= 7.3 − 6.85

= 0.45 (kg)

우유 100병의 무게는

우유 10병의 무게인

0.45kg의 10배이므로

4.5kg이다.

빈 상자의 무게

= 7.3 − 4.5

= 2.8 (kg)

08 (3)개

9.57 − 4.97 = 4.6,

1.88 + 3.06 = 4.94 이므로

4.6 < □ < 4.94

□ 안에 들어갈 수 있는

소수 한 자리 수는

4.6보다 크고

4.94보다 작은 수이므로

4.7, 4.8, 4.9로

모두 3개이다.

STEP 1   **128~141** 쪽

01 (30)° 난이도

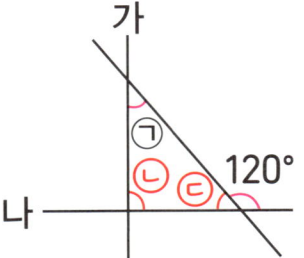

직선 가와 직선 나는 서로 수직이므로

ⓛ = 90°

ⓒ = 180° − 120° = 60°

삼각형의 세 각의 크기의 합은 180°이므로

㉠ = 180° − 90° − 60° = 30°

02 (4)cm 난이도

평행선 사이의 거리는 변 ㄹㄷ의 길이와 같다.

삼각형 ㄹㄴㄷ에서

(각 ㄹㄴㄷ)

= 180° − 45° − 90° = 45°

삼각형 ㄹㄴㄷ은 이등변삼각형이므로

(변 ㄹㄷ) = (변 ㄴㄷ) = 4 cm

평행선 사이의 거리 : 4 cm

03 (9)cm 난이도

사각형 ㄱㄴㅁㄹ은 마주 보는 두 쌍의 변이 서로 평행하므로 평행사변형이다.

평행사변형은 마주 보는 두 변의 길이가 같으므로

(선분 ㄴㅁ) = (변 ㄱㄹ) = 12cm

(선분 ㅁㄷ) = 21 − 12 = 9 (cm)

04 (135)° 난이도 중

(각 ㄴㄷㄹ)

=180°-45°=135°

마름모는 마주 보는

두 각의 크기가 같으므로

㉠ = (각 ㄴㄷㄹ)=135°

05 (120)° 난이도 중

직선 ㄱㄴ과 직선 ㄷㄹ은 서로

수직이므로

(각 ㄷㄹㄱ)=90°

(각 ㅁㄹㄷ)=90°÷3=30°

(각 ㅁㄹㄴ)

= 30°+90°=120°

06 (55)cm 난이도 중

이등변삼각형 ㄱㄴㄷ에서

(변 ㄱㄴ) + (변 ㄱㄷ)

=33-9=24 (cm)

(변 ㄱㄴ) = (변 ㄱㄷ)=24÷2

=12 (cm)

평행사변형은 마주 보는

두 변의 길이가 같으므로

(변 ㄷㄹ)= (변 ㄱㅁ)=11 cm

(변 ㅁㄹ)= (변 ㄱㄷ)=12 cm

12 + 9 + 11 + 12 + 11 = 55 (cm)

07 (110)° 난이도 중

직선 가와 직선 나가 만나서

이루는 각도는 90° 이므로

㉠ = 90°- 60° = 30°

㉡ = 90°- 10° = 80°

㉠+㉡=30°+80°=110°

08 (105)°   난이도 상

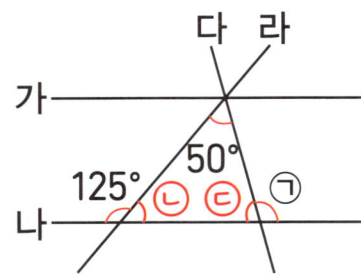

$\bigcirc\!\!\!\!L = 180° - 125° = 55°$

삼각형 세 각의 크기의

합은 180°이므로

$\bigcirc\!\!\!\!C = 180° - 50° - 55° = 75°$

$\bigcirc\!\!\!\!\sqcap = 180° - 75° = 105°$

09 (30)°   난이도 상

직사각형은 네 각이 모두

직각이므로

(각 ㄴㄷㄹ) = 90°

삼각형 ㄹㄴㄷ에서

(각 ㄴㄹㄷ)

$= 180° - 35° - 90° = 55°$

(각 ㄴㄹㅁ)

$= 55° - 25° = 30°$

10 (115)°   난이도 상

평행사변형은 이웃한 두 각의

크기의 합이 180°이므로

(각 ㄱㄹㄷ) = (각 ㄱㄴㄷ) =

$180° - 50° = 130°$

(각 ㄱㄴㅁ) = (각 ㄷㄴㅁ) =

$130° ÷ 2 = 65°$

사각형 ㅁㄴㄷㄹ에서

(각 ㄴㅁㄹ)

$= 360° - 65° - 50° - 130°$

$= 115°$

11 (70)°

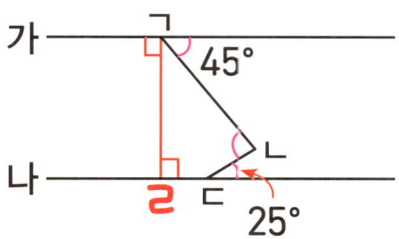

평행선 사이에 점 ㄱ을

지나는 수선을 그으면

(각 ㄴㄱㄹ)=90°-45°=45°

(각 ㄴㄷㄹ)=180°-25°=155°

사각형 ㄱㄹㄷㄴ에서

(각 ㄱㄴㄷ)

=360°-45°-90°-155°

=70°

12 (25)°

마름모 ㄱㄴㄷㄹ 에서

(각 ㄱㄹㄷ)=180°-110°=70°

정삼각형 ㄹㄷㅁ 에서

(각 ㄷㄹㅁ)=60°

(각 ㄱㄹㅁ)=70°+60°=130°

(변 ㄹㄱ)=(변 ㄹㄷ)=(변 ㄹㅁ)이므로

삼각형 ㄹㄱㅁ은 이등변삼각형이다.

(각 ㄹㄱㅁ)+(각 ㄹㅁㄱ)

=180°-130°=50°

(각 ㄹㄱㅁ)=50°÷2=25°

13 (40)°　　　난이도 최상

평행사변형 ㄱㄴㄷㄹ에서
(각 ㄱㄴㄷ)=180°-115°=65°
접은 각과 접힌 각은 같으므로
(각 ㄴㅅㅂ)=(각 ㅁㅅㅂ)=45°
삼각형 ㄴㅂㅅ에서
(각 ㄴㅂㅅ)
=180°-65°-45°=70°
(각 ㅁㅂㅅ)=(각 ㄴㅂㅅ)=70°
(각 ㄱㅂㅈ)
=180°-70°-70°=40°

14 (30)cm　　　난이도 최상

사각형 ㄱㄴㄷㄹ은 마름모이므로
(한 변)=60÷4=15(cm)
(변 ㄹㅅ)=25-15=10(cm)
사각형 ㄹㅁㅂㅅ은 마름모이므로
(변 ㄹㅁ)=(변 ㅁㅂ)=(변 ㄹㅅ)
=10cm
(변 ㅁㄷ)=15-10=5(cm)
평행사변형 ㅁㄷㅇㅂ의
네 변의 길이의 합
=5+10+5+10=30(cm)

01 (70)°

난이도 **하**

선분 ㄴㅁ과 선분 ㄷㅁ은 서로
수직이므로
(각 ㄴㅁㄷ) = 90°
(각 ㄷㅁㄹ)
= 180° - 20° - 90° = 70°

02 (11)cm

난이도 **하**

평행선 사이의 거리는
변 ㄱㄴ의 길이와 같다.
삼각형 ㄱㄴㄹ에서
(각 ㄱㄹㄴ)
= 180° - 90° - 45° = 45°
삼각형 ㄱㄴㄹ은
이등변삼각형이므로
(변 ㄱㄴ) = (변 ㄱㄹ) = 11cm

평행선 사이의 거리 : 11cm

03 (65)°

난이도 **하**

평행사변형은 마주 보는
두 각의 크기가 같으므로
(각 ㄱㄴㄷ) = (각 ㄱㄹㄷ) = 80°
삼각형 ㄱㄴㄷ에서
㉠ = 180° - 80° - 35° = 65°

04 (9)cm

난이도 **중**

정삼각형의 세 변의
길이의 합
= 12 + 12 + 12 = 36 (cm)
마름모의 한 변
= 36 ÷ 4 = 9 (cm)

05 (108)°

직선 ㄱㄴ과 직선 ㄷㄹ은 서로
수직이므로
(각 ㄷㄹㄴ) = 90°
(각 ㄷㄹㅁ) = 90° ÷ 5 = 18°
(각 ㅁㄹㄱ)
= 18° + 90° = 108°

06 (68)cm

평행사변형은 마주 보는
두 변의 길이가 같으므로
(변 ㄹㄷ) = (변 ㄱㄴ) = 12cm
이등변삼각형 ㅁㄹㄷ에서
(변 ㅁㄹ) + (변 ㅁㄷ)
= 48 - 12 = 36 (cm)
(변 ㅁㄹ) = (변 ㅁㄷ) = 36 ÷ 2
= 18 (cm)
(변 ㄴㄷ) = 28 - 18 = 10 (cm)
(변 ㄱㄹ) = (변 ㄴㄷ) = 10cm
12 + 28 + 18 + 10 = 68 (cm)

07 (100)°

직선 가와 직선 나가 만나서
이루는 각도는 90°이므로
㉠ = 90° - 25° = 65°
㉡ = 90° - 55° = 35°
㉠ + ㉡ = 65° + 35° = 100°

08 (115)°

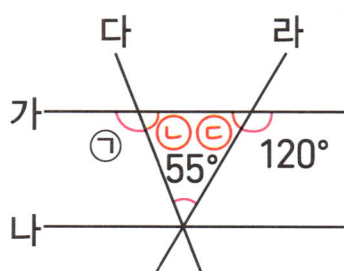

㉢ = 180° - 120° = 60°
삼각형 세 각의 크기의
합은 180°이므로
㉡ = 180° - 55° - 60° = 65°
㉠ = 180° - 65° = 115°

09 (25)°

직사각형은 네 각이 모두
직각이므로
(각 ㄱㄴㄷ) = 90°
삼각형 ㄱㄴㄷ에서
(각 ㄷㄱㄴ)
= 180° - 90° - 30° = 60°
(각 ㄷㄱㅁ)
= 60° - 35° = 25°

10 (120)°

평행사변형은 이웃한 두 각의
크기의 합이 180°이므로
(각 ㄴㄱㄹ) = (각 ㄴㄷㄹ) =
180° - 60° = 120°
(각 ㄴㄷㅁ) = (각 ㄹㄷㅁ) =
120° ÷ 2 = 60°
사각형 ㄱㅁㄷㄹ에서
(각 ㄱㅁㄷ)
= 360° - 120° - 60° - 60°
= 120°

11 (70)°

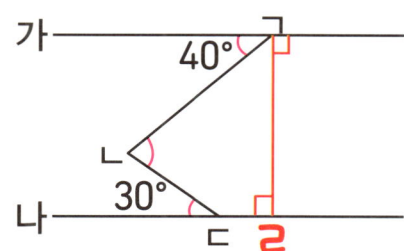

평행선 사이에 점 ㄱ을
지나는 수선을 그으면
(각 ㄴㄱㄹ) = 90° - 40° = 50°
(각 ㄴㄷㄹ) = 180° - 30° = 150°
사각형 ㄱㄴㄷㄹ에서
(각 ㄱㄴㄷ)
= 360° - 50° - 150° - 90°
= 70°

12 (15)°

마름모 ㄱㄴㄷㄹ에서
(각 ㄴㄱㄹ) = 180° − 120° = 60°
정사각형 ㄱㄹㅁㅂ에서
(각 ㄹㄱㅂ) = 90°
(각 ㄴㄱㅂ) = 60° + 90° = 150°
(변 ㄱㄴ) = (변 ㄱㄹ) = (변 ㄱㅂ)이므로
삼각형 ㄱㄴㅂ은 이등변삼각형이다.
(각 ㄱㄴㅂ) + (각 ㄱㅂㄴ)
= 180° − 150° = 30°
(각 ㄱㄴㅂ) = 30° ÷ 2 = 15°

14 (34)cm

사각형 ㄱㄴㄷㄹ은 마름모이므로
(한 변) = 72 ÷ 4 = 18 (cm)
(변 ㄷㅇ) = 30 − 18 = 12 (cm)
사각형 ㅁㄷㅇㅂ은 평행사변형이므로
(변 ㅁㅂ) = (변 ㄷㅇ) = 12cm
(변 ㅁㄷ) = (변 ㅂㅇ) = 13cm
(변 ㄹㅁ) = 18 − 13 = 5 (cm)
평행사변형 ㄹㅁㅂㅅ의
네 변의 길이의 합
= 5 + 12 + 5 + 12 = 34 (cm)

13 (130)°

마름모 ㄱㄴㄷㄹ에서
(각 ㄴㄷㄹ) = (각 ㄴㄱㄹ) = 140°
접은 각과 접힌 각은 같으므로
(각 ㄷㄹㅂ) = (각 ㅁㄹㅂ) = 15°
삼각형 ㄷㅂㄹ에서
(각 ㄷㅂㄹ)
= 180° − 140° − 15° = 25°
(각 ㅁㅂㄹ) = (각 ㄷㅂㄹ) = 25°
(각 ㄴㅂㅁ)
= 180° − 25° − 25° = 130°

01　(40)°　난이도 하

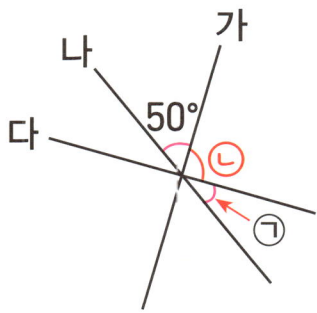

직선 다는 직선 가에 대한

수선이므로

ⓒ = 90°

ⓐ = 180° - 50° - 90°

　　 = 40°

02　(7)　난이도 중

평행사변형은 마주 보는

두 변의 길이가 같으므로

□ + 10 + □ + 10 = 34

□ + □ + 20 = 34

□ + □ = 34 - 20

　　　 = 14

□ = 14 ÷ 2 = 7

03　(9)개　난이도 중

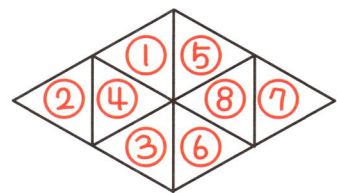

작은 정삼각형 2개짜리:

① + ④ , ② + ④ , ③ + ④ ,

⑤ + ⑧ , ⑥ + ⑧ , ⑦ + ⑧ ,

① + ⑤ , ③ + ⑥ → 8개

작은 정삼각형 8개짜리:

① + ② + ③ + ④ + ⑤ + ⑥ + ⑦ + ⑧

→ 1개

8 + 1 = 9 (개)

04　(75)°　난이도 중

평행사변형은 마주 보는

두 각의 크기가 같으므로

(각 ㄱㄴㄷ) = (각 ㄱㄹㄷ) = 65°

삼각형 ㄱㄴㄷ에서

(각 ㄴㄱㄷ)

= 180° - 65° - 40° = 75°

05 (95)°

난이도 상

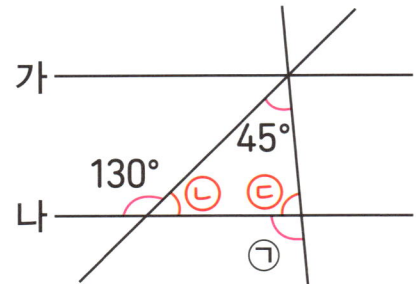

$\bigcirc$ = 180° - 130° = 50°

삼각형의 세 각의 크기의

합은 180°이므로

$\bigcirc$ = 180° - 45° - 50° = 85°

$\bigcirc$ = 180° - 85° = 95°

06 (85)°

난이도 상

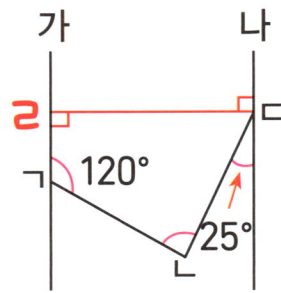

평행선 사이에 점 ㄷ을

지나는 수선을 그으면

(각 ㄴㄷㄹ) = 90° - 25° = 65°

사각형 ㄱㄴㄷㄹ에서

(각 ㄱㄴㄷ)

= 360° - 120° - 65° - 90°

= 85°

07 (**40**)° 난이도 **상**

평행사변형 ㄱㄴㄷㄹ에서

(각 ㄱㄹㄷ) = 180° − 60° = 120°

(각 ㄴㄷㄹ) = (각 ㄴㄱㄹ) = 60°

삼각형 ㄹㄴㄷ에서

(각 ㄹㄴㄷ)

= 180° − 80° − 60° = 40°

(각 ㄹㄴㅁ) = (각 ㄹㄴㄷ) = 40°

(각 ㄱㄴㄷ) = (각 ㄱㄹㄷ) = 120°

(각 ㄱㄴㅂ)

= 120° − 40° − 40° = 40°

08 (**72**)cm 난이도 **최상**

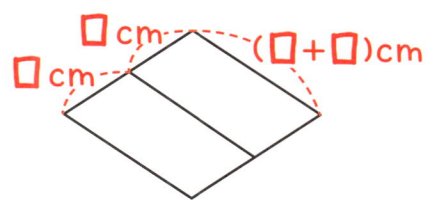

평행사변형의 짧은 변을

□cm라 하면

긴 변은 (□+□)cm이다.

□ + (□+□) + □ + (□+□) = 54

□ × 6 = 54

□ = 54 ÷ 6 = 9

만든 마름모의 한 변은

9 + 9 = 18 (cm)이므로

18 + 18 + 18 + 18 = 72 (cm)

STEP 1　　166~179 쪽

01 (**112**)명　난이도 하

월요일 : 114명

수요일 : 126명

목요일 : 116명

금요일 : 132명

화요일의 관람객 수

= 600 - 114 - 126 - 116 - 132

= 112 (명)

02 (**8**)잔　난이도 하

시각별 기온을 나타낸

꺾은선그래프에서 선분이

가장 많이 기울어진 때는

오후 3시와 오후 4시 사이이다.

음료수 판매량은

오후 3시에 22잔,

오후 4시에 30잔이므로

30 - 22 = 8 (잔) 늘었다.

03 (**10**)회　난이도 하

월요일과 수요일의 팔굽혀펴기

횟수의 차를 각각 구하면

연서 : 34 - 30 = 4(회),

유하 : 42 - 32 = 10(회),

예지 : 34 - 32 = 2(회)

월요일과 수요일의 횟수의 차가

가장 큰 사람은 유하이고

횟수의 차는 10회이다.

04 (**36000**)원　난이도 중

1일 : 24개,　2일 : 28개,

3일 : 38개,　4일 : 30개

판매량의 합

= 24 + 28 + 38 + 30

= 120 (개)

판매한 금액의 합

= 120 × 300

= 36000 (원)

05 (**64**)시간   난이도 중

공부 시간은 세로 눈금이
일정하게 3칸씩 높아지므로
매월 6시간씩 늘어난다.
11월에 한 공부 시간은
58시간이므로
12월에 하는 공부 시간은
58 + 6 = 64 (시간) 이다.

06 (**70**)명   난이도 중

학생 수의 차가 가장 큰 때는
여학생 수와 남학생 수를
나타내는 점이 가장 많이 떨어져
있는 때이므로 2021년이다.
2021년의
여학생 수는 430명,
남학생 수는 360명이므로
학생 수의 차는
430 - 360 = 70 (명) 이다.

07 (**140**)개   난이도 중

5월의 불량품 수는
60개이므로
8월의 불량품 수는
60 + 10 = 70 (개) 이다.
7월의 불량품 수는
210 - 70 = 140 (개) 이다.

08 (**10**)칸   난이도 상

2023년 : 380상자
2024년 : 340상자
2023년과 2024년의 생산량의 차
= 380 - 340 = 40 (상자)
세로 눈금 한 칸의 크기를
4상자로 하여 다시 그린다면
2023년과 2024년의
세로 눈금 수의 차
= 40 ÷ 4 = 10 (칸)

09 (8)점

난이도
상

지효의 시험 점수가
가장 높은 달 : 3월 (90점)
가장 낮은 달 : 1월 (82점)
점수 차 = 90 - 82 = 8 (점)
유나의 시험 점수가
가장 높은 달 : 2월 (92점)
가장 낮은 달 : 4월 (68점)
점수 차 = 92 - 68 = 24 (점)
8 < 24이므로 8점이다.

10 (200)kg

난이도
상

수요일 : 120kg, 목요일 : 160kg
월요일과 화요일의 쓰레기 배출량
= 710 - 120 - 160 = 430 (kg)
화요일의 배출량을 □kg이라 하면,
월요일의 배출량은 (□+30)kg이므로
(□+30) + □ = 430
□ + □ = 430 - 30 = 400
□ = 400 ÷ 2 = 200
화요일의 배출량 : 200 kg

11 (880)kg

난이도
상

선분이 가장 많이 기울어진 때가
수확량이 가장 많이 변한 때이므로
2021년과 2022년 사이이다.
2021년과 2022년 사이의
변화량은 900 - 760 = 140 (kg),
2024년의 수확량은 1020kg이므로
2025년의 수확량은
1020 - 140 = 880 (kg)이다.

12 (75)

난이도
상

3월 : 10칸, 4월 : 13칸,
5월 : 6칸, 6월 : 9칸
세로 눈금 칸 수의 합인
10 + 13 + 6 + 9 = 38 (칸)이
190mm를 나타내므로
세로 눈금 한 칸의 크기는
190 ÷ 38 = 5 (mm)이다.
㉠ = 5 × 5 = 25
㉡ = 5 × 10 = 50
㉠ + ㉡ = 25 + 50 = 75

13 (1550)mL

세로 눈금 한 칸의 크기는
250 ÷ 5 = 50 (mL)이므로
은재가 준서보다 물을 150mL
더 많이 마신 때는
은재가 마신 양을 나타내는 점이
준서가 마신 양을 나타내는 점보다
150 ÷ 50 = 3(칸) 더 위에
있는 8일이다.
700 + 850 = 1550(mL)

14 (600)m

미희는 2분 동안 60m씩 가고,
수지는 2분 동안 20m씩 간다.
30분은 2분씩 30 ÷ 2 = 15(번)
이므로 일정한 빠르기로 30분 동안
미희는 60 × 15 = 900 (m),
수지는 20 × 15 = 300(m)간다.
두 사람이 간 거리의 차는
900 - 300 = 600(m)이다.

01 (206)명

2016년 : 202명
2017년 : 204명
2018년 : 208명
2020년 : 230명
2019년의 출생아 수
= 1050 - 202 - 204
　- 208 - 230
= 206(명)

02 (4)cm

국화꽃의 키를 나타낸
꺾은선그래프에서 선분이
오른쪽 위로 가장 많이 기울어진
때는 1일과 8일 사이이다.
동백꽃의 키는
1일에 50cm,
8일에 54cm 이므로
54 - 50 = 4 (cm) 자랐다.

03 (**20**)회 난이도 하

화요일과 목요일의 줄넘기

횟수의 차를 각각 구하면

지우 : 46 - 38 = 8 (회)

윤서 : 54 - 42 = 12 (회)

정아 : 54 - 34 = 20 (회)

화요일과 목요일의 횟수의 차가

가장 큰 사람은 정아이고

횟수의 차는 20회이다.

04 (**110000**)원 난이도 중

월요일 : 70개, 화요일 : 85개,

수요일 : 65개, 목요일 : 55개

판매량의 합

= 70 + 85 + 65 + 55

= 275 (개)

판매한 금액의 합

= 275 × 400

= 110000 (원)

05 (**32**)분 난이도 중

게임 시간은 세로 눈금이

일정하게 2칸씩 낮아지므로

매일 4분씩 줄어든다.

24일에 한 게임 시간은

36분이므로

25일에 하는 게임 시간은

36 - 4 = 32 (분)이다.

06 (**0.5**)kg 난이도 중

몸무게의 차가 가장 큰 때는

서희와 리아의 몸무게를

나타내는 점이 가장 많이 떨어져

있는 때이므로 4월이다.

4월의

서희의 몸무게는 35kg,

리아의 몸무게는 34.5kg이므로

몸무게의 차는

35 - 34.5 = 0.5 (kg)이다.

07 (140)명

난이도 중

2017년의 입원 환자 수는
160명이므로
2019년의 입원 환자 수는
160+20 = 180(명) 이다.
2020년의 입원 환자 수는
180-40 = 140(명) 이다.

08 (8)칸

난이도 상

금요일 : 320명, 토요일 : 280명
금요일과 토요일의 관람객 수의 차
= 320 - 280 = 40(명)
세로 눈금 한 칸의 크기를
5명으로 하여 다시 그린다면
금요일과 토요일의
세로 눈금 수의 차
= 40 ÷ 5 = 8(칸)

09 (8)초

난이도 상

진규의 오래 매달리기 기록이
가장 긴 날 : 7일(14초)
가장 짧은 날 : 8일(8초)
시간차 = 14 - 8 = 6(초)
태하의 오래 매달리기 기록이
가장 긴 날 : 5일(20초)
가장 짧은 날 : 7일(12초)
시간차 = 20 - 12 = 8(초)
6 < 8이므로 8초이다.

10 (76)가구

난이도 상

6월 : 46가구, 7월 : 55가구
8월과 9월에 이사 온 가구 수
= 238 - 46 - 55 = 137(가구)
8월을 □가구라 하면,
9월은 (□-15)가구이므로
□ + (□-15) = 137
□ + □ = 137 + 15 = 152
□ = 152 ÷ 2 = 76
8월에 이사 온 가구 수 : 76가구

11 (6400)대   난이도 상

선분이 가장 많이 기울어진 때가
판매량이 가장 많이 변한 때이므로
2023년과 2024년 사이이다.
2023년과 2024년 사이의
변화량은 7600-6200=1400(대),
2026년의 판매량은 5000대이므로
2027년의 판매량은
5000+1400=6400(대)이다.

12 (300)   난이도 상

7월:13칸, 8월:9칸,
9월:10칸, 10월:12칸
세로 눈금 칸 수의 합인
13+9+10+12=44(칸)이
880권을 나타내므로
세로 눈금 한 칸의 크기는
880÷44=20(권)이다.
㉠=20×5=100
㉡=20×10=200
㉠+㉡=100+200=300

13 (**160**)점

세로 눈금 한 칸의 크기는
$10 \div 5 = 2$(점)이므로
수학 점수가 영어 점수보다
8점 더 낮을 때는
수학 점수를 나타내는 점이
영어 점수를 나타내는 점보다
$8 \div 2 = 4$(칸) 더 아래에
있는 11월이다.

$76 + 84 = 160$(점)

14 (**280**)m

민기는 5분 동안 80m씩 가고,
현아는 5분 동안 60m씩 간다.
70분은 5분씩 $70 \div 5 = 14$(번)
이므로 일정한 빠르기로 70분 동안
민기는 $80 \times 14 = 1120$(m),
현아는 $60 \times 14 = 840$(m) 간다.
두 사람이 간 거리의 차는
$1120 - 840 = 280$(m) 이다.

01 (12)시간 (7)분   난이도 하

9월 15일의

해 뜨는 시간 : 오전 6시 11분

해 지는 시간 : 오후 6시 18분

낮의 길이

= 오후 6시 18분 - 오전 6시 11분

= 18시 18분 - 6시 11분

= 12시간 7분

02 (12)대   난이도 중

최고 기온을 나타낸

꺾은선그래프에서 선분이

가장 많이 기울어진 때는

1일과 2일 사이이다.

에어컨 판매량은

1일 64대,

2일 76대이므로

76-64 = 12 (대) 늘었다.

03 (3)번   난이도 중

현서와 윤아의 키가 같을 때는

두 꺾은선이 만나는 때이므로

1학년과 2학년 사이,

2학년과 3학년 사이,

4학년과 5학년 사이로

모두 3번이다.

04 (124000)원

9일 : 18개 , 10일 : 20개 ,

11일 : 24개 , 12일 : 30개 ,

13일 : 32개

5일 동안의 토스트 판매량

= 18 + 20 + 24 + 30 + 32

= 124 (개)

5일 동안 토스트를 판 돈

= 124 × 1000

= 124000 (원)

05 (0.4)kg

윤주의 몸무게는

9월 : 36.3 kg , 10월 : 36.4 kg ,

11월 : 36.5 kg 이므로

12월 : 36.6 kg 이다.

인아의 몸무게는

9월 : 36.1 kg , 10월 : 36.4 kg ,

11월 : 36.7 kg 이므로

12월 : 37 kg 이다.

37 - 36.6 = 0.4 (kg)

06 (9300)개

2024년 : 2600개, 2025년 : 2200개

2023년의 판매량

= 2200 + 200 = 2400 (개)

2022년의 판매량

= 2400 - 300 = 2100 (개)

2022년부터 2025년까지

장난감 판매량

= 2100 + 2400 + 2600 + 2200

= 9300 (개)

07 (5)명

박물관의 방문객 수가

가장 많은 때 : 화요일 (410명)

가장 적은 때 : 수요일 (330명)

방문객 수의 차

= 410 - 330 = 80 (명)

다시 그린 그래프는

세로 눈금 한 칸의 크기를

80 ÷ 16 = 5(명)으로 한 것이다.

전월에 비해 국어 점수가

오른 때는 2월, 4월, 5월이다.

전월에 비해 영어 점수가

떨어진 때는 3월, 5월이다.

전월에 비해 국어 점수는 올랐지만,

영어 점수가 떨어진 때는 5월이다.

5월의 국어 점수는

전월에 비해 세로 눈금이

3칸 늘었으므로 6점이 올랐다.

01 (108)°

난이도 하

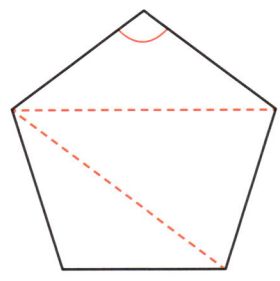

정오각형은 삼각형 3개로
나눌 수 있으므로
정오각형의 모든 각의
크기의 합
=180°×3=540°
정오각형의 한 각의 크기
=540°÷5=108°

02 (210)°

난이도 하

정육각형은 삼각형 4개로
나눌 수 있으므로
정육각형의 모든 각의
크기의 합
=180°×4=720°
정육각형의 한 각의 크기
=720°÷6=120°
정사각형의 한 각의 크기
=90°
㉠=90°+120°=210°

03 (30)°

난이도 하

(각 ㅇㄷㄴ)=90°-60°=30°
두 대각선의 길이가 같고,
한 대각선이 다른 대각선을
똑같이 둘로 나누므로
(선분 ㅇㄴ)=(선분 ㅇㄷ)
삼각형 ㅇㄴㄷ은 이등변삼각형이므로
(각 ㅇㄴㄷ)=(각 ㅇㄷㄴ)=30°

04 (**27**)개

구각형의 한 꼭짓점에서

그을 수 있는 대각선은

9-3=6(개)이고,

구각형의 꼭짓점은 9개이므로

꼭짓점마다 대각선을 그으면

6×9=54(개)가 그어지고,

한 대각선이 두 번씩 세어진

것이므로 구각형에 그을 수 있는

대각선은 54÷2=27(개)이다.

05 (**30**)°

정육각형은 삼각형 4개로

나눌 수 있으므로

정육각형의 모든 각의 크기의 합

=180°×4=720°

정육각형의 한 각의 크기

=720°÷6=120°

삼각형 ㅂㄱㅁ은 이등변삼각형이므로

(각 ㅂㄱㅁ)+(각 ㅂㅁㄱ)

=180°-120°=60°

(각 ㅂㄱㅁ)=60°÷2=30°

06 (72)cm

난이도 중

정육각형은 6개의 변의 길이가
모두 같으므로
정육각형의 한 변의 길이
$= 54 \div 6 = 9$ (cm)
굵은 선의 길이는 정육각형의
한 변의 길이의 8배이므로
굵은 선의 길이
$= 9 \times 8 = 72$ (cm)

07 (45)°

난이도 중

정팔각형은 삼각형 6개로
나눌 수 있으므로
정팔각형의 모든 각의
크기의 합
$= 180° \times 6 = 1080°$
정팔각형의 한 각의 크기
$= 1080° \div 8 = 135°$
㉠ $= 180° - 135° = 45°$

08 (64)cm

난이도 상

마주 보는 두 변의 길이가 같으므로
(선분 ㄱㄴ) = (선분 ㄹㄷ) = 24cm
두 대각선의 길이가 같고,
한 대각선이 다른 대각선을
똑같이 둘로 나누므로
(선분 ㅇㄱ) = (선분 ㅇㄴ) = 40 ÷ 2
$= 20$ (cm)
삼각형 ㄱㄴㅇ의 세 변의
길이의 합
$= 24 + 20 + 20 = 64$ (cm)

09 (1260)°

난이도 상

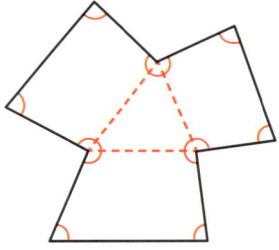

도형을 사각형 3개와 삼각형
1개로 나눌 수 있으므로
도형에서 표시한 모든 각의
크기의 합은
$360° \times 3 = 1080°$,
$1080° + 180° = 1260°$ 이다.

10 (**45**)°

두 대각선이 수직으로 만나므로

(각 ㄱㅇㄴ) = 90°

두 대각선의 길이가 같고,

한 대각선이 다른 대각선을

똑같이 둘로 나누므로

(선분 ㅇㄱ) = (선분 ㅇㄴ)

삼각형 ㄱㄴㅇ은 이등변삼각형이므로

(각 ㅇㄱㄴ) + (각 ㅇㄴㄱ)

= 180° - 90° = 90°

(각 ㅇㄱㄴ) = 90° ÷ 2 = 45°

11 (**3**)cm

정칠각형을 만드는 데 사용한

철사의 길이

= 18 × 7 = 126 (cm)

정오각형을 8개 만드는 데

사용한 철사의 길이

= 126 - 6 = 120 (cm)

정오각형을 1개 만드는 데

사용한 철사의 길이

= 120 ÷ 8 = 15 (cm)

정오각형의 한 변의 길이

= 15 ÷ 5 = 3 (cm)

12 (132)° 난이도 **상**

(각 ㅁㄱㄴ) = 180° - 53° = 127°

(각 ㄱㄴㄷ) = 180° - 65° = 115°

(각 ㄷㄹㅁ) = 180° - 96° = 84°

오각형은 삼각형 3개로 나눌 수

있으므로 오각형의 모든 각의

크기의 합 = 180° × 3 = 540°

127° + 115° + ㉠ + 84° + 82°

= 540°

㉠ + 408° = 540°

㉠ = 540° - 408° = 132°

13 (108)° 난이도 **최상**

정오각형은 삼각형 3개로 나눌 수

있으므로 정오각형의 한 각의 크기는

180° × 3 = 540°,

540° ÷ 5 = 108°이다.

삼각형 ㄴㄷㄹ과 삼각형 ㅁㄹㄷ은

이등변삼각형이므로

각 ㄴㄹㄷ과 각 ㅁㄷㄹ의 크기는

180° - 108° = 72°, 72° ÷ 2 = 36°이다.

삼각형 ㅂㄷㄹ에서

(각 ㄷㅂㄹ) = 180° - 36° - 36° = 108°

14 (**50**)°

난이도 **최상**

정구각형은 삼각형 7개로 나눌 수
있으므로 정구각형의 한 각의 크기는
180°×7 =1260°,
1260°÷9 = 140°이다.
(각 ㄹㄱㄴ)=140°- 60°=80°
(변 ㄱㄹ)=(변 ㄱㄷ)=(변 ㄱㄴ)이므로
삼각형 ㄱㄹㄴ은 이등변삼각형이다.
(각 ㄱㄹㄴ)+(각 ㄱㄴㄹ)
= 180°-80° = 100°
(각 ㄱㄹㄴ) = 100°÷2 =50°

01 (**120**)°

난이도 **하**

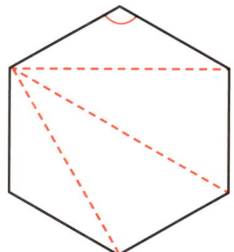

정육각형은 삼각형 4개로
나눌 수 있으므로
정육각형의 모든 각의
크기의 합
=180°×4 =720°
정육각형의 한 각의 크기
=720°÷ 6 =120°

02 (135)° 난이도 하

정팔각형은 삼각형 6개로
나눌 수 있으므로
정팔각형의 모든 각의
크기의 합
$= 180° \times 6 = 1080°$
정팔각형의 한 각의 크기
$= 1080° \div 8 = 135°$
정사각형의 한 각의 크기
$= 90°$
㉠ $= 360° - 135° - 90° = 135°$

03 (50)° 난이도 하

(각 ㅇㄷㄹ) $= 90° - 40° = 50°$
두 대각선의 길이가 같고,
한 대각선이 다른 대각선을
똑같이 둘로 나누므로
(선분 ㅇㄷ) $=$ (선분 ㅇㄹ)
삼각형 ㅇㄷㄹ은 이등변삼각형이므로
(각 ㅇㄹㄷ) $=$ (각 ㅇㄷㄹ) $= 50°$

04 (35)개 난이도 중

십각형의 한 꼭짓점에서
그을 수 있는 대각선은
$10 - 3 = 7$(개)이고,
십각형의 꼭짓점은 10개이므로
꼭짓점 마다 대각선을 그으면
$7 \times 10 = 70$(개)가 그어지고,
한 대각선이 두 번씩 세어진
것이므로 십각형에 그을 수 있는
대각선은 $70 \div 2 = 35$(개)이다.

05 (36)°

정오각형은 삼각형 3개로

나눌 수 있으므로

정오각형의 모든 각의 크기의 합

$= 180° × 3 = 540°$

정오각형의 한 각의 크기

$= 540° ÷ 5 = 108°$

삼각형 ㄴㄷㄱ은 이등변삼각형이므로

(각 ㄴㄷㄱ) + (각 ㄴㄱㄷ)

$= 180° - 108° = 72°$

(각 ㄴㄷㄱ) $= 72° ÷ 2 = 36°$

06 (63)cm

정사각형은 4개의 변의 길이가

모두 같으므로

정사각형의 한 변의 길이

$= 28 ÷ 4 = 7$ (cm)

굵은 선의 길이는 정사각형의

한 변의 길이의 9배이므로

굵은 선의 길이

$= 7 × 9 = 63$ (cm)

07 (40)°

정구각형은 삼각형 7개로

나눌 수 있으므로

정구각형의 모든 각의

크기의 합

$= 180° × 7 = 1260°$

정구각형의 한 각의 크기

$= 1260° ÷ 9 = 140°$

㉠ $= 180° - 140° = 40°$

08 (50)cm 난이도 상

마주 보는 두 변의 길이가 같으므로
(선분 ㄱㄹ) = (선분 ㄴㄷ) = 24cm
두 대각선의 길이가 같고,
한 대각선이 다른 대각선을
똑같이 둘로 나누므로
(선분 ㅇㄱ) = (선분 ㅇㄹ) = 26÷2
= 13(cm)
삼각형 ㄱㅇㄹ의 세 변의
길이의 합
= 13+13+24 = 50(cm)

09 (1080)° 난이도 상

도형을 삼각형 4개와 사각형
1개로 나눌 수 있으므로
도형에서 표시한 모든 각의
크기의 합은
180°×4 = 720°,
720°+360° = 1080°이다.

10 (45)° 난이도 상

두 대각선이 수직으로 만나므로
(각 ㄴㅇㄷ) = 90°
두 대각선의 길이가 같고,
한 대각선이 다른 대각선을
똑같이 둘로 나누므로
(선분 ㅇㄴ) = (선분 ㅇㄷ)
삼각형 ㅇㄴㄷ은 이등변삼각형이므로
(각 ㅇㄴㄷ)+(각 ㅇㄷㄴ)
= 180°−90° = 90°
(각 ㅇㄴㄷ) = 90°÷2 = 45°

11 (4)cm

정팔각형을 만드는 데 사용한
철사의 길이
$= 15 \times 8 = 120 \, (cm)$

정칠각형을 4개 만드는 데
사용한 철사의 길이
$= 120 - 8 = 112 \, (cm)$

정칠각형을 1개 만드는 데
사용한 철사의 길이
$= 112 \div 4 = 28 \, (cm)$

정칠각형의 한 변의 길이
$= 28 \div 7 = 4 \, (cm)$

12 (125)°

(각 ㄱㄴㄷ) $= 180° - 62° = 118°$

(각 ㄹㅁㅂ) $= 180° - 75° = 105°$

(각 ㅁㅂㄱ) $= 180° - 50° = 130°$

육각형은 삼각형 4개로 나눌 수
있으므로 육각형의 모든 각의
크기의 합 $= 180° \times 4 = 720°$

$149° + 118° + 93° + ㉠ + 105° + 130°$
$= 720°$

$㉠ + 595° = 720°$

$㉠ = 720° - 595° = 125°$

13 (120)°   최상

정육각형은 삼각형 4개로 나눌 수
있으므로 정육각형의 한 각의 크기는
$180° × 4 = 720°$,
$720° ÷ 6 = 120°$ 이다.
삼각형 ㅂㄱㅁ과 삼각형 ㅁㅂㄹ은
이등변삼각형이므로
각 ㅂㅁㄱ과 각 ㅁㅂㄹ의 크기는
$180° - 120° = 60°$, $60° ÷ 2 = 30°$ 이다.
삼각형 ㅂㅅㅁ에서
(각 ㅂㅅㅁ) $= 180° - 30° - 30° = 120°$

14 (48)°   최상

정십각형은 삼각형 8개로 나눌 수
있으므로 정십각형의 한 각의 크기는
$180° × 8 = 1440°$,
$1440° ÷ 10 = 144°$ 이다.
(각 ㄴㄷㄹ) $= 144° - 60° = 84°$
(변 ㄷㄹ) = (변 ㄷㄱ) = (변 ㄷㄴ) 이므로
삼각형 ㄷㄴㄹ은 이등변삼각형이다.
(각 ㄷㄴㄹ) + (각 ㄷㄹㄴ)
$= 180° - 84° = 96°$
(각 ㄷㄹㄴ) $= 96° ÷ 2 = 48°$

01 (4)cm 난이도

정구각형의 모든 변의

길이의 합

= 8 × 9 = 72 (cm)

정육각형의 한 변의 길이

= 72 ÷ 6 = 12 (cm)

한 변의 길이의 차

= 12 − 8 = 4 (cm)

02 (8)cm 난이도

네 변의 길이가 같으므로

(선분 ㄱㄴ) = 10 cm

한 대각선이 다른 대각선을

똑같이 둘로 나누므로

(선분 ㄱㅇ) = 12 ÷ 2 = 6 (cm)

삼각형 ㄱㄴㅇ의 세 변의

길이의 합이 24cm이므로

(선분 ㄴㅇ) = 24 − 10 − 6 = 8 (cm)

03 (14)개 난이도

다각형의 꼭짓점의 수를 □개라 하면

한 꼭짓점에서 그을 수 있는

대각선은 (□ − 3)개이므로

□ − 3 = 4, □ = 4 + 3 = 7

이 다각형은 칠각형이고

꼭짓점마다 대각선을 그으면

4 × 7 = 28 (개)가 그어지고,

한 대각선이 두 번씩 세어진

것이므로 칠각형에 그을 수 있는

대각선은 28 ÷ 2 = 14 (개)이다.

04 (20)° 난이도

(각 ㄴㅇㄷ) = 180° − 40° = 140°

두 대각선의 길이가 같고,

한 대각선이 다른 대각선을

똑같이 둘로 나누므로

(선분 ㅇㄴ) = (선분 ㅇㄷ)

삼각형 ㅇㄴㄷ은 이등변삼각형이므로

(각 ㅇㄴㄷ) + (각 ㅇㄷㄴ)

= 180° − 140° = 40°

(각 ㅇㄴㄷ) = 40° ÷ 2 = 20°

05 (72)°

정오각형은 삼각형 3개로
나눌 수 있으므로
정오각형의 한 각의 크기는
$180° \times 3 = 540°$,
$540° \div 5 = 108°$이다.
삼각형 ㄱㄴㅁ은 이등변삼각형이므로
(각 ㄱㄴㅁ) + (각 ㄱㅁㄴ)
$= 180° - 108° = 72°$
(각 ㄱㅁㄴ) = $72° \div 2 = 36°$
(각 ㄴㅁㄹ) = $108° - 36° = 72°$

06 (32)cm

정육각형은 6개의 변의 길이가
모두 같으므로
정육각형의 한 변의 길이
$= 24 \div 6 = 4 (cm)$
모양 조각으로 만든 사각형의
모든 변의 길이의 합은
정육각형 모양 조각의 한 변의
길이의 8배이므로
$4 \times 8 = 32 (cm)$

정팔각형은 삼각형 6개로 나눌 수 있으므로 정팔각형의 한 각의 크기는
$180° \times 6 = 1080°$,
$1080° \div 8 = 135°$이다.
삼각형 ㅈㅇㄴ은 이등변삼각형이므로
(각 ㅈㄴㅇ) = (각 ㅈㅇㄴ)이고,
(각 ㅈㅇㄴ) = (각 ㄱㅇㄴ)이므로
㉠ = (각 ㄱㅇㄴ) + (각 ㅈㅇㄴ)
= (각 ㅈㅇㄴ) + (각 ㅈㄴㅇ)
= $180° - 135° = 45°$

정오각형은 삼각형 3개로 나눌 수 있으므로 정오각형의 한 각의 크기는
$180° \times 3 = 540°$,
$540° \div 5 = 108°$이다.
정육각형은 삼각형 4개로 나눌 수 있으므로 정육각형의 한 각의 크기는
$180° \times 4 = 720°$,
$720° \div 6 = 120°$이다.
㉠ = $360° - 120° - 120° - 108°$
= $12°$

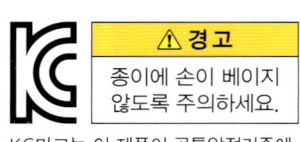